Differentiable Manifold

미분다양체

조용승 지음

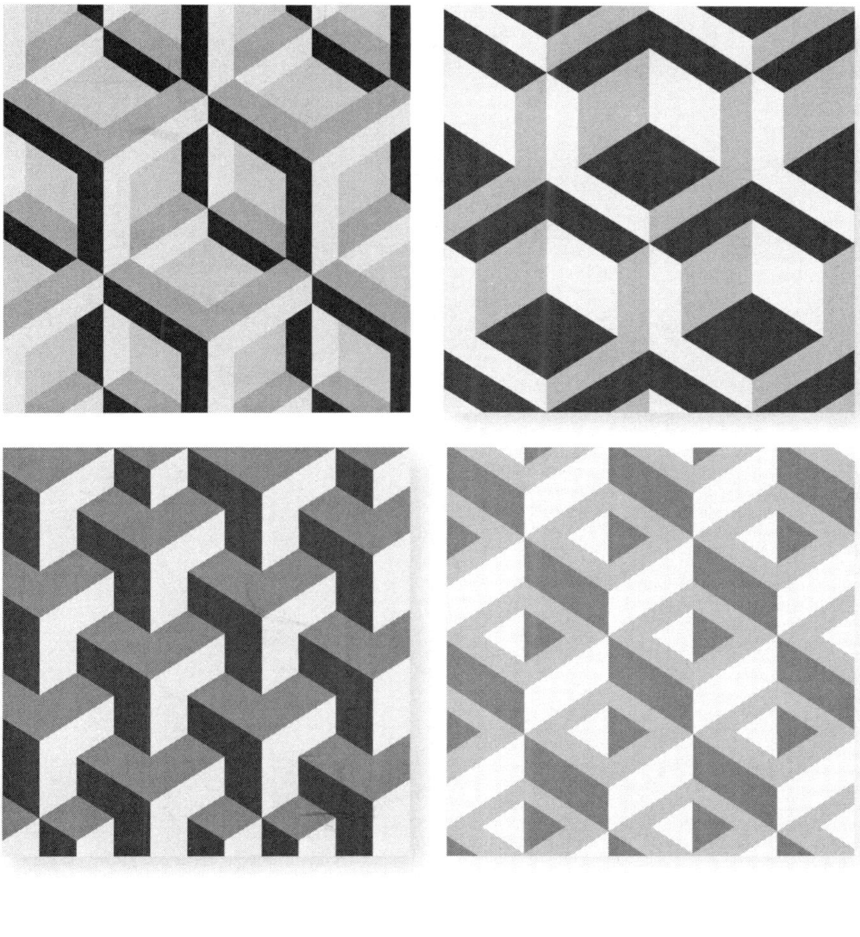

KYOWOO

PREFACE 서 문

우리에게 가장 친숙한 공간이 유클리트공간(Euclidean space) $\mathbb{R}^n$이다. 유클리트공간은 벡타공간(vector space)인 동시에 내적(inner product)이 있다. 유클리트공간에 미분과 적분을 통하여 곡선의 길이, 곡면의 넓이, 입체의 부피, 곡면의 탄젠트공간(tangent space)과 곡률(curvature), 실수에서 값을 갖는 맵(map)의 최소, 최대 등을 구한다. 유클리트공간은 위상공간이며 짝수 차원인 $\mathbb{R}^{2n}$은 복소내적공간 $\mathbb{C}^n$과 동일시 할 수 있다. $\mathbb{R}^n$의 열린집합을 위상동형(homeomorphism)으로 붙여서 만들어진 공간을 n-차원 위상다양체(topological manifold)라 하고, 미분동형(diffeomorphism)으로 붙여서 만들어진 공간을 n-차원 미분다양체(differentiable manifold)라 하며, $n=2k$이 짝수일 때 복소동형(biholomorphism)으로 붙여서 만들어진 공간을 k-차원 복소다양체(complex manifold)라 한다. 예를 들면 $n=2$일 때 직육면체, 구, 토러스, 클라인병 등이 있다.

이 책에서는 미분다양체에서부터 시작한다. 왜냐하면 미분다양체는 유클리트공간에서 유도된 내적이 있어서 미분과 적분을 이용하여 이론을 전개해 나갈 수 있기 때문이다.

서문에서는 다양체에 대하여 개괄적으로 설명하고 구체적인 것은 본문에서 다루기로 하자.

n-차원, 콤팩트 미분다양체를 M이라 하자.

M상의 미분폼(differential form)과 외미분(exterior derivative)은 엘립틱 콤플렉스(elliptic complex)

$$0 \to \Omega^0(M) \xrightarrow{d} \Omega^1(M) \xrightarrow{d} \cdots \xrightarrow{d} \Omega^n(M) \to 0$$

를 유도한다. 즉, (1) $d^2=0$, (2) 심볼열(symbol sequence)이 완전(exact)이다.

서 문

p-번째 드람코호몰로지군(de Rham cohomology group)

$$H^p_{\mathrm{dR}}(M) = \frac{\mathrm{Ker}\ d : \Omega^p(M) \to \Omega^p + 1(M)}{\mathrm{Im}\ d : \Omega^{p-1}(M) \to \Omega^p(M)}$$

은 유한차원을 갖으며, 실계수의 특이코호몰로지군 $H^p(M, \mathbb{R})$과 동형(isomorphism)이다.

만일 M에 리만메트릭(Riemannian metric)과 볼륨폼(volume form)이 주어지면 호지스타연산자(Hodge star operator, $*$)이 존재한다.

각 코호몰지클래스 $[\alpha] \in H^p_{\mathrm{dR}}(M)$는 에너지(energy)

$$E(\alpha) = \int_M |\alpha|^2 = \int_M \alpha \wedge *\alpha$$

를 최소로 하는 $\alpha_0 \in [\alpha]$, $d\alpha_0 = 0$, $d^*\alpha_0 = 0$가 존재한다.

라플라스-벨트라미연산자(Laplace-Beltrami operator)를 $\Delta = dd^* + d^*d$라 하면 $\Delta\alpha_0 = 0$가 된다.

이 α_0를 호몰로지클래스$[\alpha]$를 나타내는 하모닉폼(harmonic form)이라 한다.

드람이론을 일반적인 선형 엘립틱연산자로 확장해 보자.

M상의 벡타번들 $E_i \to M$, $i = 0, \cdots, l$에 대하여, 엘립틱콤플렉스(elliptic complex)

$$0 \to C^\infty(E_0) \xrightarrow{D_1} C^\infty(E_1) \xrightarrow{D_2} \cdots \xrightarrow{D_l} C^\infty(E_l) \to 0$$

는 연산자 D_i의 유한열(finite sequence)이며

(1) $D_{i+1} \circ D_i = 0$, $i = 1, \cdots, l-1$

(2) 심볼열, 각 $x \in M$, $\xi \in T_x^* M - \{0\}$에 대하여,

$$0 \rightarrow E_{0,x} \xrightarrow{\sigma(D_1)\xi} E_{1,x} \xrightarrow{\sigma(D_2)\xi} \cdots \xrightarrow{\sigma(D_l)\xi} E_{l,x} \rightarrow 0$$

이 완전(exact)이다.

코호몰로지군 $H^p(E) = \mathrm{Ker}\, D_{p+1} / \mathrm{Im}\, D_p$이 정의되고, M이 콤팩트이면 유한차원이다.

각 E_i가 메트릭을 갖고 M이 볼륨폼을 갖으면 L^2-듀알(dual) $D_p^* = \pm * D_p *$이 정의된다.

드람코호몰로지와 같이 각 코호몰로지클래스 $[\alpha]$ 내에 하모닉폼 $\alpha_0 \in [\alpha]$, $D_p \alpha_0 = 0$, $D_p^* \alpha_0 = 0$이 유일하게 존재한다.

아티야-싱어지표정리(Atiyah-Singer index theorem)에 의하여 오일러지표(Euler characteristic) $\sum_p (-1)^p \dim H^p(E)$는 M과 E의 심볼열의 캐랙터리스틱클래스(characteristic class)로서 계산할 수 있다.

예를 들면, M이 콤팩트 사차원스핀미분다양체라 하자.

M상의 호지연산자(Hodge operator) $D^+ : \Omega^+(M) \rightarrow \Omega^-(M)$의 지표는 $\mathrm{index}(D^+) = \frac{1}{3} p_1 [M] = \mathrm{Sign}(M)$이다. 여기서 $\mathrm{Sign}(M)$은 M의 시그내춰(signature)이다.

디락연산자(Dirac operator) $\not{D}^+ : C^\infty(\triangle^+(T)) \rightarrow C^\infty(\triangle^-(T))$의 지표는 $\mathrm{index}(\not{D}^+) = \frac{1}{24} p_1 [M] = \hat{A}[X]$이다.

여기서 $\hat{A}[X] = \frac{1}{24} p_1 [M]$을 M의 $\hat{A}$ 지너스($\hat{A}$ genus)라 한다. 따라서

서 문

$\hat{A}[M]=\frac{1}{8}\mathrm{Sign}(M)$이며 $\hat{A}[M]$은 정수이므로 M의 시그내춰 $\mathrm{Sign}(M)$은 8의 배수여야 한다.

M이 사차원스핀다양체이므로 스핀표현(spin representation) $\triangle(T)$는 심플렉틱이다. 따라서 $\mathrm{Ker}(\not{D}^{+})$와 $\mathrm{Coker}(\not{D}^{+})$는 짝수차원이고 $\hat{A}(M)$도 짝수가 된다.

더욱이 M의 시그내춰 $\mathrm{Sign}(M)=8\hat{A}(M)$은 16의 배수이다.

로흐린정리(Rohlin theorem)은 사차원스핀미분다양체의 시그내춰는 16의 배수임이 증명된다.

프리만 정리(Freedman theorem)에 의하여 콤팩트 단순연결(simply connected) 사차원다양체는 교차폼(intersection form)과 시그내춰에 의하여 일대일 대응관계에 있다. 단순연결 사차원다양체에서는 스티펠-위트니클래스(Stiefel-Whitney class) $\omega_2=0$일 필요충분조건은 교차폼이 짝수이다. 따라서 교차폼 E_8을 갖는 콤팩트 단순연결 사차원스핀다양체는 존재하지만 미분다양체로는 존재하지 않는다.

또한 교차폼 $E_8 \oplus E_8$을 갖은 콤팩트, 단순연결 사차원스핀다양체로 존재하고 시그내춰가 16으로 나눠지지만 도널드슨정리(Donaldson theorem : 교차폼이 다이아고날(diagonal))에 의하여 미분다양체로는 존재하지 않는다. 이로부터 로흐린정리의 역은 성립하지 않음을 알 수 있다.

이 책 다양체론은 총 10장으로 이루어져 있다.

제1장에서는 위상공간(topological space)과 유클리트공간의 내적을 다루며, 이는 미분기하학, 위상수학과 미분적분의 토대가 된다.

제2장에서는 미분다양체(differentiable manifold)의 정의와 예를 다루고, 위트니 내장정리, 탄젠트공간, 코탄젠트공간, 스모스맵의 성질, 그리고 사드정리와 모스정리를 소개했다.

제3장에서는 벡타번들(vector bundle)과 캐랙터리스틱클래스, 스티펠-위트니클래스, 천클래스, 폰트리야긴클래스, 오일러클래스를 다루고, 번들의 분리원리, 천캐릭터, 토드클래스, 톰동형, 기신열, 엘립틱연산자의 아티야-싱어 지표정리, 힐저브르크-리만정리, 시그니춰정리를 소개하였다.

제4장에서는 리만다양체(Riemannian manifold)에서 공변도함수, 측지선, 호프-리노정리, 리만기하학의 기본정리, 콘낵선, 곡률과 그 성질, 그리고 주번들(principal bundle)을 소개하였다.

제5장에서는 교대텐서, 외대수, 미분폼, 외도함수, 그리고 드람코호몰로지(de Rham cohomology)와 스톡스정리를 다루고, 방향과 메트릭을 갖은 미분다양체에서 호지스타연산자, 라플라스연산자, 하모닉폼, 그리고 코호몰로지의 호지분리정리, 호몰로지와 코호몰로지 관계를 소개하였다.

제6장에서는 심플렉틱다양체(symplectic manifold)와 그 예 그리고 다브정리를 다루고, 심플렉틱동형이 헤밀톤동형이 되기위한 조건과 아놀드추측(Arnold conjecture)을 소개하였다. 아놀드추측을 증명하기 위하여 그로모브-위튼불변량, 퀀텀코호몰로지(quantum cohomology)를 소개하고, 수축루프공간에서 심플렉틱 작용맵, 플로에 모듀라이공간, 마슬로브지표, 노비코프환, 플로에 코체인콤플렉스와 플로에코호몰로지군(Floer cohomology group)을 유도하였다.

노비코프환(Novikov ring)을 계수로 갖은 퀀텀코호몰로지군과 플로에코호

서 문

몰로지군이 동형임을 보임으로서 아놀드의 추측이 증명된다.

제7장에서는 복소다양체(complex manifold)에서 헐미션내적, 부피폼, 외미분, 폼의 분해, 코체인 콤플렉스, 돌보코호모로지를 다루고, 켈러다양체(Kähler manifold)와 그 예, 기본2-폼, 켈러포텐셜과 푸비니-스터디메트릭, 그리고 콤팩트 켈러다양체의 코호몰로지군에 대한 호지분해정리를 소개하였다. 기본2-폼(fundamental 2-form)이 정수폼(integer form)인 켈러다양체가 호지다양체(Hodgy manifold)이다. 호지다양체에서 고다이라정리와 호지추측(Hodgy conjecture: 100만불짜리 미해결 문제)을 소개하였다. 위에서 소개한 여러 가지 다양체의 여러 가지 반례를 다루었다. 또한 호지추측의 알려진 사실과 호지류와 같은 대수류 몇 가지를 소개하였다.

제8장에서는 클리포드대수, 복소표현, 스핀표현, 체크코호몰로지, 스핀다양체(spin manifold), 디락연산자를 다루고, 디락연산자의 아티야-싱어지표정리, 벡타번들의 분리원리, $\hat{A}$-지너스, 스핀지표 $\mathrm{Spin}(M)$과 그 예를 소개하였다.
라플라스 연산자의 바이전복공식, 디락연산자의 리크너로비츠공식과 사이 관계를 유도하고, 예로서 사차원다양체에서 양-밀즈 작용맵과 도널드슨정리와 프리드만정리를 소개하였다.

제9장에서는 홀수차원 미분다양체를 다루었다.
준코복소구조, 준콘탁트 메트릭다양체(contact metric manifold), 기본2-폼, 니젠후이스텐서, 코심플렉틱다양체(cosymplectic manifold), 준 코켈러다양체, 콘탁트다양체(contact manifold), 사사키다양체, 코켈러다양체(coKähler manifold), 켄모추다양체(Kenmotsu manifold)와 그 성질을 유도하였다. 기본2-폼이 닫혀있는 경우에, 준코홀로모르픽 커브들의 모듀라이공간을 이용하여 그로모브-위튼타입 불변량, 퀀텀타입 코호몰로지(quantum type cohomology)를 소개하고, 심플렉틱타입 작용맵에 의하여 플로에타입 코호몰로지(Floer type cohomology)를 소개하였다.
퀀텀타입 코호몰로지와 플로에타입 코호몰로지가 노비코프환의 모듈로서 동형임을 이용하여 헤밀톤콘탁트동형맵에 대한 아놀드타입 정리를 유도하였다.
홀수차원 다양체의 곱은 짝수차원 다양체가 되고, 켈러다양체 상에서 모오스 맵의 정칙값의 원상은 홀수차원 코켈러다양체가 된다. 이와 같은 관계에 있을 때 그로모브-위튼불변량과 그로모브-위튼타입 불변량 관계와, 퀀텀코호몰로지와 퀀텀타입 불변량 사이 관계를 소개하였다.

제10장에서는 리군 G에 대한 분류공간(classifying space) BG와 군 π에 대한 아이렌버그-매클레인공간(Eilenberg-Maclane space) $k(\pi, n)$을 다루었다.
이 두 공간은 벡타번들을 연구하는데 중요한 역할을 한다.
다양체 M 상의 G-번들은 BG로부터 오고, 코호몰로군과 호모토피는 $H^n(M, \pi) = [\, M, k(\pi, n) \,]$인 관계에 있다.
특히 $H^2(M, \mathbb{Z}) = [\, M\text{상의 } \mathrm{U}(1) - \text{번들} \,]$이고 사차원다양체 M에서는 $H^4(M, \mathbb{Z}) = [\, M\text{상의 } \mathrm{SU}(2) - \text{번들} \,]$임을 소개하였다.

끝으로 이 책을 출판해주신 교우사 오판근 사장님과 편집부 직원께 진심으로 감사드립니다. 이 책은 2016년에서 2018년 성균관대학교에서 강의한 노트를 바탕으로, 이화여자대학교 중앙도서관에서 집필하였습니다. 기회를 주신 성균관대학교와 이화여자대학교에도 감사드립니다. 그리고 자료정리와 교정을 도와준 아내 김수남 박사에게도 감사드립니다.

저자 **조용승**

서 문

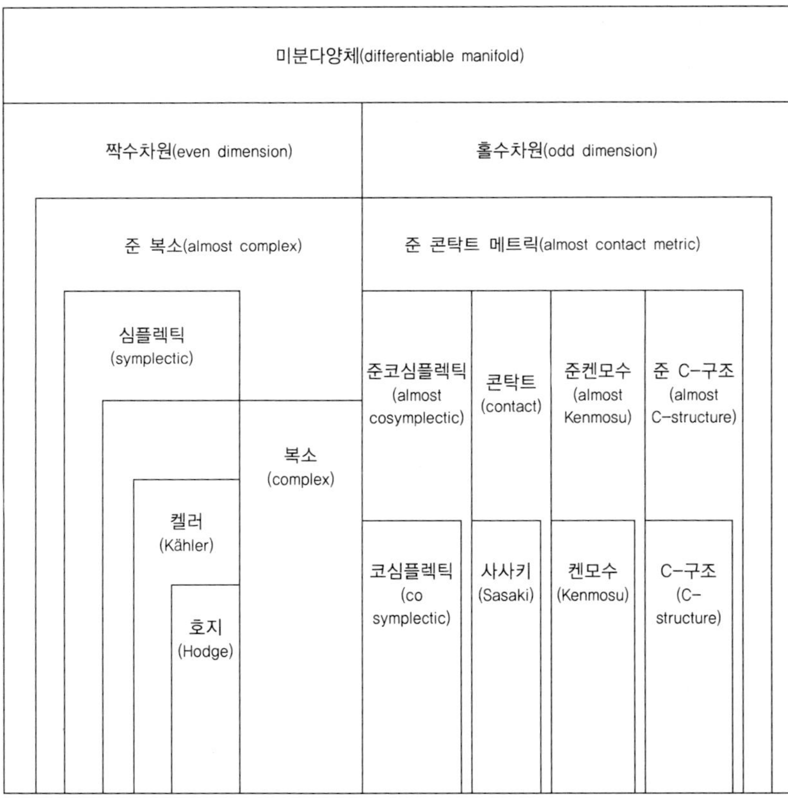
미분다양체(differentiable manifold)
짝수차원(even dimension)
홀수차원(odd dimension)
준 복소(almost complex)
준 콘탁트 메트릭(almost contact metric)
심플렉틱
(symplectic)
복소
(complex)
켈러
(Kähler)
호지
(Hodge)
준코심플렉틱
(almost
cosymplectic)
콘탁트
(contact)
준켄모수
(almost
Kenmosu)
준 C-구조
(almost
C-structure)
코심플렉틱
(co
symplectic)
사사키
(Sasaki)
켄모수
(Kenmosu)
C-구조
(C-
structure)

CONTENTS 목 차

목 차

CHAPTER 08 스핀다양체(Spin Manifolds)

CHAPTER 09 홀수 차원 다양체(Odd Dimensional Manifolds)

CHAPTER 10 분류공간과 아일렌버그-매클래인 공간 (Classifying Space and Eilenberg-MacLane Space)

CHAPTER 01 유클리트공간(Euclidean Space)

유클리트공간 $\mathbb{R}^n$은 수학에서 다루는 가장 기본적인 공간이다. $\mathbb{R}^n$은 덧셈에 의해서 닫혀있고 스칼라 실수의 곱에 대해서 닫혀있는 실벡타공간(real vector space)이며, 벡타 사이에 내적(inner product)이 있어 거리(metric)란 개념이 유도되어 미분과 적분, 해석학, 대수학, 기하학 그리고 위상수학을 발전시키고 있다. 또한, 미분과 적분을 이용하여 자연현상을 체계적으로 이해할 수 있어서 자연과학과 공학 발전에 크게 기여해오고 있다. 사회의 변화와 인간 정신의 변화를 시간과 공간으로 된 유클리트공간에 적용하면 사회과학과 인문과학에도 크게 이바지 된다.

이 장에서는 이 책에서 필요로 하는 최소의 위상공간과 유클리트공간의 개념을 소개한다.

1.1 위상공간(Topological Space)

칸토르(Cantor)에 의하여 창시됐다고 할 수 있는 집합(set) X는 원소(element)들의 모임이다. 무엇 x를 가져오든지 X에 속하는지($x \in X$), 속하지 않든지($x \notin X$) 해야 한다.

| 정의 1.1.1 | 위상공간(topological space) $(X, \mathfrak{I}_X)$는 집합 X와 X의 부분집합의 모임 $\mathfrak{I}_X$으로 이루어져 있으며, $\mathfrak{I}_X$는 다음 조건 (i)-(iii)을 만족해야 한다 :

(i) $\phi \in \mathfrak{I}_X$, $X \in \mathfrak{I}_X$

(ii) 만일 $\mathscr{F} \subset \mathfrak{I}_X$이면, $\bigcup_{U \in \mathscr{F}} U \in \mathfrak{I}_X$이고,

(iii) 만일 U_1, $U_2 \in \mathfrak{I}_X$이면 $U_1 \cap U_2 \in \mathfrak{I}_X$이다.

위상공간 $(X, \mathfrak{I}_X)$에서 $\mathfrak{I}_X$에 속하는 X의 부분집합 U, $U \in \mathfrak{I}_X$를 X의 **열린(부분)집합**(open (sub)set of X)라 하고, 열린집합 U의 여집합 $X-U$를 X의 **닫힌집합**(closed set)라 한다. 이때 $\mathfrak{I}_X$를 X의 **위상**(topology)라 한다.

❙정의 1.1.2❙ 위상공간을 $(X, \mathfrak{I}_X)$라 하자.

(1) $\mathfrak{I}_X$의 부분집합 $\mathscr{B}_X$가 $\mathfrak{I}_X$의 **기저**(basis)란 각 원소 $U \in \mathfrak{I}_X$에 대하여 부분집합 $\mathscr{B} \subset \mathscr{B}_X$가 존재하여 $U = \bigcup_{V \in \mathscr{B}} V$이 된다.

(2) $\mathfrak{I}_X$의 부분집합 $\mathscr{S}_X$가 $\mathfrak{I}_X$의 **부분기저**(subbasis)란 S_X의 유한부분집합의 교집합이 $\mathfrak{I}_X$의 기저가 될 때이다. 즉, $B = \{\bigcap_{V \in \mathscr{S}} V \mid \mathscr{S}$는 $\mathscr{S}_X$의 유한부분집합$\}$이 $\mathfrak{I}_X$의 기저이다.

(3) X가 **콤팩트**(compact)란 X가 열린집합들의 합집합이면 그 중에 유한개가 존재하여 그의 합집합도 X가 된다. 즉, $\mathscr{F} \subset \mathfrak{I}_X$, $\bigcup_{U \in \mathscr{F}} U = X$이면 유한집합 $\mathscr{F}_1 \subset \mathscr{F}$이 존재하여 $\bigcup_{V \in \mathscr{F}_1} V = X$이다.

(4) X가 **연결**(connected)란 X 내의 열린집합인 동시에 닫힌집합은 X와 공집합 ϕ 뿐 일때이다.

예 1.1.3

(1) 위상공간 $(X, \mathfrak{I}_X)$의 부분집합 $A \subset X$에 대하여 $\mathfrak{I}_A = \{A \cap U \mid U \in \mathfrak{I}_X\}$는 A의 위상이 된다. 이때 $(A, \mathfrak{I}_A)$를 $(X, \mathfrak{I}_X)$의 **부분공간**(subspace)이라 한다.

(2) 집합 X에 대하여 실수 $\mathbb{R}$로 가는 맵(map)

$$d: X \times X \to \mathbb{R}$$

(i) $d(x, y) \geq 0 \quad {}^\forall x, {}^\forall y \in X$

(ii) $d(x, y) = 0 \Leftrightarrow x = y$

(iii) $d(x, y) = d(y, x) \quad {}^\forall x, {}^\forall y \in X$

(iv) $d(x, z) \leq d(x, y) + d(y, z) \quad {}^\forall x, {}^\forall y, {}^\forall z \in X$

가 (i)~(iv)를 만족할 때 맵 d를 X의 **메트릭**(metric)이라고 한다. 이때, 각 원소 $x \in X$와 각 $\varepsilon > 0$에 대하여 ε-볼(ε-ball)을 $B(x, \varepsilon) = \{y \in X \mid d(x, y) < \varepsilon\}$라고 두자.

$$\mathfrak{I}_X = \{U \subset X \mid {}^\forall x \in U \quad \exists \varepsilon > 0, \ B(x, \varepsilon) \subset U\}$$

은 X의 위상이 되고

$B = \{B(x, \varepsilon) \mid x \in X, \ \varepsilon > 0\}$는 $\mathfrak{I}_X$의 기저가 된다.

이때 $(X, \mathfrak{I}_X) := (X, d)$를 **메트릭공간**(metric space)이라 부르고, 위상 $\mathfrak{I}_X$를 **메트릭위상**(metric topology)이라 부른다. 따라서 집합 X에 메트릭 d가 있으면 (X, d)는 메트릭공간이 된다.

(3) 위상공간의 모임 $\{(X_i, \mathfrak{I}_i) \mid i \in I\}$에 대하여

$\{X_i \mid i \in I\}$의 **적집합**(product space)을

$$X = \prod_{i \in I} X_i = \left\{ x : I \to \bigcup_{i \in I} X_i \mid x(i) \in X_i,\ ^\forall i \in I \right\}$$

하고 i-**번째 사영맵**(i-th projection)을

$$p_i : X \to X_i,\ p_i(x) = x(i)$$

라 하자.

적집합 X의 부분집합의 모임

$$S_X = \left\{ p_i^{-1}(U) \mid U \in \mathfrak{I}_i,\ i \in I \right\}$$

을 부분기저로 하는 X상의 위상 $\mathfrak{I}_X$를 X의 **적위상**(product topology)이라 하고, $(X, \mathfrak{I}_X)$를 $\{(X_i, \mathfrak{I}_i) \mid i \in I\}$의 **적공간**(product space)이라고 한다.

(4) 위상공간 $(X, \mathfrak{I}_X)$에 대하여, 집합 X 상에 관계 ~를 **동치관계**(equivalence relation)라 하자: 즉,

(i) $x \sim x, \quad ^\forall x \in X$

(ii) $x \sim y$이면 $y \sim x$,

(iii) $x \sim y$이고 $y \sim z$이면, $x \sim z$, $^\forall x$, $^\forall y$, $^\forall z \in X$이다.

이때 동치류(equivalence class)를 $[x] := \{y \in X \mid x \sim y\}$라 두고, 동치류의 모임을 $X' = X/\sim\ := \{[x] \mid x \in X\}$라 두자.

$$\text{맵 } q : X \to X',\ x \mapsto [x]$$

를 **상맵**(quotient map)이라 한다.

X'상의 부분집합의 모임을

$$\mathfrak{I}_{X'} = \{ V \subset X' \mid q^{-1}(V) \in \mathfrak{I}_X \}$$

라 두면 $\mathfrak{I}_{X'}$는 X'의 위상이 된다.

이때 $(X', \mathfrak{I}_{X'})$를 $(X, \mathfrak{I}_X)$의 **상공간**(quotient space)이라 하고, $\mathfrak{I}_{X'}$를 X'상의 **상위상**(quotient topology)이라 한다.

❙ 정의 1.1.4 ❙ 위상공간 사이의 맵

$$f : (X, \mathfrak{I}_X) \to (Y, \mathfrak{I}_Y)$$

이 **연속**(continuous)이라 함은

(i) $f : X \to Y$이 맵이고

(ii) 만일 $V \in \mathfrak{I}_Y$이면, $f^{-1}(V) \in \mathfrak{I}_X$이다.

예 1.1.5

(1) 예 1.1.3의 (1)의 포함맵(inclusion map)

$$i : (A, \mathfrak{I}_A) \to (X, \mathfrak{I}_X), \ i(a) = a, \ \forall a \in A$$

는 연속이다.

(2) 예 1.1.3의 (3)의 사영맵

$$p_i : X = \prod_{i \in I} X_i \to X_i, \ p_i(x) = x(i)$$

는 연속이다.

또한, 임의 맵 $f : (Y, \mathfrak{I}_Y) \to (X, \mathfrak{I}_X)$이 연속일 필요충분

조건은 각 $i \in I$, $p_i \circ f$이 연속이다.

(3) 예 1.1.3의 (4)의 상맵

$$q:(X,\ \mathfrak{I}_X) \to (X',\ \mathfrak{I}_{X'}),\ x \mapsto [x]$$

은 연속이다.

또한, 임의 맵 $g:(X',\ \mathfrak{I}_{X'}) \to (Y,\ \mathfrak{I}_Y)$인 연속일 필요충분조건은 $g \circ q$가 연속이다.

1.2 유클리트공간(Euclidean Space)

유클리트공간을 정의하기 위하여 필요한 정의를 소개하자.

| 정의 1.2.1 |

(1) **체**(field) $(F,\ +,\ \cdot\ )$는 집합 F상에 두 개의 연산자, 더하기

$+ : F \times F \to F,\ (\lambda,\ \mu) \mapsto \lambda + \mu$

와 곱하기 $\cdot\ : F \times F \to F,\ (\lambda,\ \mu) \mapsto \lambda\mu$

가 있고 $(F, +)$는 교환군(commutative group)이고

$(F - \{0\},\ \cdot\ )$도 교환군이고 분배법칙을 만족한다.

(2) 체 F상에 **벡타공간**(vector space) $(V, +)$은

(i) $(V, +)$은 아벨군(abelian group)이고,

(ii) F가 V상에 작용

$$F \times V \to V,\ (\lambda,\ X) \mapsto \lambda X$$

하며, 분배법칙과 결합법칙을 만족한다.

벡타공간 V의 원소를 **벡타**(vector)라 하고 체 F의 원소를 **스칼라**(scalar)라고 한다.

예 1.2.2

(1) 실수 $(\mathbb{R}, +, \cdot)$와 복소수 $(\mathbb{C}, +, \cdot)$는 체이며, 이 책에서는 $\mathbb{R}$과 $\mathbb{C}$만 사용한다.

(2) 다음에 정의하는

$(\mathbb{R}^n, +)$는 체 $\mathbb{R}$ 상의 n-차원 실벡타공간(real vector space) 이고,

$(\mathbb{C}^n, +)$는 체 $\mathbb{C}$ 상의 n-차원 복소벡타공간(complex vector space)이다.

▌정의 1.2.3▐ **n-차원 유클리트공간**(n-dimensional Euclidean space) $(\mathbb{R}^n, +, g)$는

(i) $(\mathbb{R}^n, +)$는 실수체 $\mathbb{R}$ 상의 벡타공간이고,

(ii) 내적(inner product)

$$g : \mathbb{R}^n \times \mathbb{R}^n \to \mathbb{R}$$

$$(X, Y) \mapsto g(X, Y) := X \cdot Y = \sum_{i=1}^{n} x_i y_i$$

을 갖는다. 즉 내적을 갖은 벡타공간 $(\mathbb{R}^n, +, g)$이다.

유클리트공간 $(\mathbb{R}^n, +, g)$의 내적 g는 $\mathbb{R}^n$상의 메트릭

$$d: \mathbb{R}^n \times \mathbb{R}^n \to \mathbb{R},$$

$$X = (x_1, \cdots, x_n),\ Y = (y_1, \cdots, y_n) \in \mathbb{R}^n$$

$$d(X, Y) := g(X - Y, X - Y)^{\frac{1}{2}} = \left[\sum_{i=1}^{n} (x_i - y_i)^2\right]^{\frac{1}{2}}$$

을 유도한다. 유클리트공간 $\mathbb{R}^n$은 메트릭 위상을 갖은 거리공간 $(\mathbb{R}^n, d)$이다.

유클리트공간 $(\mathbb{R}^n, +, g)$의 벡타연산과 내적의 이용함으로서 위상수학 $(\mathbb{R}^n, d)$, 미분적분학(calculus)를 기반으로 하는 해석학(analysis), 미분기하학(differential geometry) 그리고 대수학(algebra) 발전의 기반을 이루었다.

특별히 n이 짝수 $n = 2m$이면 유클리트공간 $(\mathbb{R}^{2m}, +, g)$을 다음과 같이 **복소내적공간**(complex inner product space) $(\mathbb{C}^{2m}, +, h)$로 유도할 수 있다:

(i) $\mathbb{R}^{2m} \to \mathbb{C}^m : (x_1, y_1, \cdots, x_m, y_m) \mapsto (z_1, \cdots, z_m)$

여기서 $z_j = x_j + iy_j,\ j = 1, \cdots, m$이고,

(ii) $\mathbb{C}^m$상에 헐미션내적(Hermitian inner product) h가 있다. 즉,

$$h: \mathbb{C}^m \times \mathbb{C}^m \to \mathbb{C},$$

$$h(Z, W) := \sum_{j=1}^{m} z_j \overline{w_j}, \quad Z = (z_1, \cdots, z_m),\ W = (w_1, \cdots, w_m)$$

$$= \sum_{j=1}^{m} (x_j + iy_i)(u_j - iv_j), \quad z_j = x_j + iy_j,\ w_j = u_j + iv_j$$

$$= \sum_{j=1}^{m}(x_ju_j + y_jv_j) + i\sum_{j=1}^{m}(-x_jv_j + y_ju_j)$$

$$= \sum_{j=1}^{m}(x_ju_j + y_jv_j) - 2i\sum_{j=1}^{m}\frac{1}{2}(x_jv_j - y_ju_j)$$

$$= g(Z,\ W) - 2i\Omega(Z,\ W)$$

여기서 $g(Z,\ W) = \sum_{j=1}^{m}(x_ju_j + y_jv_j)$는 $\mathbb{R}^{2m}$의 내적이고

$\Omega(Z,\ W) = \sum_{j=1}^{m}\frac{1}{2}(x_jv_j - y_ju_j)$이다.

성질 1.2.4 복소내적공간 $(\mathbb{C}^m, +, h)$의 성질:

(1) h의 실수부분 $\mathrm{Re}\,h = g$는 $\mathbb{R}^{2m}$의 내적이다.

(2) h의 허수부분 $\mathrm{Im}\,h = -2\Omega$이다.

(3) $\Omega(Z,\ W)$은 실수이고,

(4) $\Omega(W,\ Z) = -\Omega(Z,\ W)$은 반대칭(skew symmetric)이다.

복소내적공간 $(\mathbb{C}^m, +, h)$으로부터 복소다양체(complex manifold)를 구성함으로 복소다양체(제7장)을 다루는데 복소내적공간이 기초가 된다.

CHAPTER 02 미분다양체(Differentiable Manifolds)

2.1 미분다양체의 정의와 예 (Definitions and Examples of Differentiable Manifold)

이 책에서는 유클리트공간 $\mathbb{R}^n$상의 위상수학, 미분기하학, 미분적분학을 가정하고 시작한다.

유클리트공간 $\mathbb{R}^n$의 열린부분집합 $U \subset \mathbb{R}^n$에 대하여, 맵

$$f : U \to \mathbb{R}$$

가 **미분가능**(differentiable) 혹은 **스므스**(smooth)란 f의 모든 편미분(partial dervative)이 존재하고 연속임을 의미한다. 또한 맵 $g : U \to \mathbb{R}^n$이 미분가능이란

각 **좌표맵**(coordinate map), $i = 1, \cdots, m$

$$g_i = \pi_i \circ g, \ \pi_i : \mathbb{R}^m \to \mathbb{R}, \ \pi_i(x_1 \cdots x_m) = x_i$$

이 미분가능할 때이다.

❙정의 2.1.1❙ 집합 M이 n-**차원 미분다양체**(n-dimensional differentiable manifold)란 다음 조건은 만족하는 M이다:

(1) M은 위상공간이며

(i) 하우스도르프(Hausdorff, T_2)이며:

즉, 서로 다른 2점은 서로소(disjoint)인 근방을 갖는다.

(ii) 제2가산(second countable)이다:

즉, M의 위상은 가산기저(countable basis)를 갖는다.

(2) M은 미분구조(differentiable structure)

$$\mathscr{F} = \{(U_\alpha, \varphi_\alpha) \mid \alpha \in I\}\text{을 갖는다:}$$

즉,

(ⅰ) 각 $\alpha \in I$의 U_α는 M의 열린부분집합이며

$\bigcup_{\alpha \in I} U_\alpha = M$이고,

(ⅱ) 각 $\alpha \in I$에 대하여 $\mathbb{R}^n$의 열린부분집합 V_α가 존재하여 $\varphi_\alpha : U_\alpha \to V_\alpha$가 위상동형(homeomorphism)이다.

여기서 φ_α를 **좌표계**(coordinate system)이라 한다.

(ⅲ) 만일 $U_\alpha \cap U_\beta \neq \varnothing$ 이면, $\varphi_\alpha \circ \varphi_\beta^{-1}$는 미분가능이다.

(ⅳ) 만일 $U \subset M$는 M의 열린집합, $V \subset \mathbb{R}^n$는 $\mathbb{R}^n$의 열린집합, $\varphi : U \to V$가 위상동형으로 각 $\alpha \in I$에 대하여 $\varphi \circ \varphi_\alpha^{-1}$와 $\varphi_\alpha \circ \varphi^{-1}$가 미분가능이면, $(U, \varphi) \in \mathscr{F}$이다.

n-차원 미분다양체 M의 각 점 $x \in M$은 좌표계

$$\varphi : U(x) \to V(0), \ \varphi(x) = 0$$

가 있다.

여기서 $U(x)$는 x의 근방이고 $V(0)$는 원점 $0 \in \mathbb{R}^n$의 근방이다.

φ의 역맵(inverse map) $\varphi^{-1} : V(0) \to U(x)$을 x에서 **매개화**(parametrization)이라 한다.

M의 미분구조 F는 (ⅰ)~(ⅲ)을 만족하는 집합으로서 (ⅳ)는 이 집합 중 최대(maximal)집합임을 의미한다.

따라서 (ⅰ)~(ⅲ)을 만족하는 집합은 미분구조 $\mathscr{F}$를 결정한다.

n-차원 다양체 M을 차원을 나타내기 위하여 M^n으로 쓰기도 한다. 또한 가끔 M의 n개 곱을 M^n으로 나타내기도 하니 문맥에 따라 이해해야 한다.

예 2.1.2

(1) n-차원 유클리트공간 $\mathbb{R}^n$은 n-차원 미분다양체이다.

(2) n-차원 복소내적공간 $\mathbb{C}^n$의 복소기저를 $\{e_1, \cdots, e_n\}$이라 하면 $\{e_1, \cdots, e_n, ie_1, \cdots, ie_n\}$은 $2n$-차원 벡타공간 $\mathbb{R}^{2n}$의 기저가 되고, $\mathbb{C}^n$의 헐미션내적의 실수부분이 $\mathbb{R}^{2n}$의 내적이 된다. 따라서 $\mathbb{C}^n$은 $2n$-차원의 미분다양체이다.

(3) n-**차원구**(n-sphere)

$$S^n := \left\{(x_1, \cdots, x_{n+1}) \in \mathbb{R}^{n+1} \mid x_1^2 + \cdots + x_{n+1}^2 = 1\right\}$$

에서 $N = (0, \cdots 0, 1) \in S^n$을 북극점(north pole),

$S = (0, \cdots 0, -1) \in S^n$을 남극점(south pole)

이라 하면 N에서 극사영(stereographic projection)

$$\varphi_N : S^n - \{N\} \to \mathbb{R}^n,\ \varphi_N(P) = \overrightarrow{NP} \cap \mathbb{R}^n$$

과 S에서 극사영

$$\varphi_S : S^n - \{S\} \to \mathbb{R}^n,\ \varphi_S(Q) = \overrightarrow{SQ} \cap \mathbb{R}^n$$

은 위상동형으로 $\varphi_N \circ \varphi_S^{-1} : \mathbb{R}^n - \{0\} \to \mathbb{R}^n - \{0\}$은 미분가능이므로 좌표계가 된다.

따라서 S^n은 n-차원 미분다양체이다.

(4) n-차원 **실사영공간**(real projective space) $\mathbb{R}\mathbb{P}^n$;

$\mathbb{R}\mathbb{P}^n := \{\mathbb{R}^{n+1}$내의 원점을 지나는 직선$\}$

$= \mathbb{R}^{n+1} - \{0\} / \sim$,

여기서 $(x_1, \cdots, x_{n+1}) \sim \lambda(x_1, \cdots, x_{n+1})$, $\lambda \in \mathbb{R} - \{0\}$,

$= S^n / \sim$, $(x_1, \cdots, x_n) \sim -(x_1, \cdots, x_n)$,

$[x_1, \cdots, x_{n+1}] = \{(y_1, \cdots, y_n) \in \mathbb{R}^{n+1} - \{0\} \mid (x_1, \cdots, x_{n+1}) \sim (y_1, \cdots, y_{n+1})\}$

라 하고, 상맵

$$q : S^n \to \mathbb{R}\mathbb{P}^n$$

에 의하여 $\mathbb{R}\mathbb{P}^n$이 상위상(quotient topology)을 갖는다고 하자.

각 $i = 1, \cdots, n+1$에 대하여

$U_i = \{[x_1, \cdots, x_{n+1}] \in \mathbb{R}\mathbb{P}^n \mid x_i \neq 0\}$라 두면,

$$q^{-1}(U_i) = D_{i_1} \cup D_{i_2}$$

여기서 $D_{i_1} = \{(x_1, \cdots, x_{n+1}) \in S^n \mid x_i > 0\}$,

$D_{i_2} = \{(x_1, \cdots, x_{n+1}) \in S^n \mid x_i < 0\}$

은 S^n의 서로소인 열린부분집합의 합집합이므로 U_i는 $\mathbb{R}\mathbb{P}^n$의 열린부분집합이고 $\bigcup_{i=1}^{n+1} U_i = \mathbb{R}\mathbb{P}^n$이다.

또한 $\varphi_i : U_i \to \mathbb{R}^n$,

$$\varphi_i([x_1, \cdots, x_{n+1}]) = \left(\frac{x_1}{x_i}, \cdots \hat{1} \cdots \frac{x_{n+1}}{x_i}\right)$$

는 위상동형이고, 공통부분에서 $\varphi_i \circ \varphi_j^{-1}$는 미분가능이다.

여기서 $\hat{1}$는 제외(omit)의 의미이다.

따라서 $\mathbb{RP}^n$은 n-차원 미분다양체이다.

(5) n-차원 **복소사영공간**(complex projective space)

$$\begin{aligned}\mathbb{CP}^n &:= \{\mathbb{C}^{n+1}\text{내의 원점을 지나는 평면}\}\\ &= \mathbb{C}^{n+1} - \{0\}/\sim,\\ &\quad (z_1, \cdots, z_{n+1}) \sim \lambda(z_1, \cdots, z_{n+1}),\ \lambda \in \mathbb{C} - \{0\},\\ &= S^{2n+1}/\sim,\\ &\quad (z_1, \cdots, z_{n+1}) \sim \lambda(z_1, \cdots, z_{n+1}),\ \lambda \in S^1.\end{aligned}$$

각 $i = 1, \cdots, n+1$에 대하여

$U_i := \{[z_1, \cdots, z_{n+1}] \mid z_i \neq 0\}$는 $\mathbb{CP}^n$의 열린부분집합이다.

왜냐하면 상맵 $q: S^{2n+1} \to \mathbb{CP}^n$, $q^{-1}(U_i)$은 S^{2n+1}에서 열린집합이다.

또한 $\varphi_i : U_i \to \mathbb{C}^n$,

$$\varphi_i[z_1, \cdots, z_{n+1}] = \left(\frac{z_1}{z_i}, \cdots, \hat{1}, \cdots \frac{z_{n+1}}{z_i}\right)$$

는 위상동형이고 $\varphi_i \circ \varphi_j^{-1}$는 미분가능이다.

실제로는 공통부분에서 $\varphi_i \circ \varphi_j^{-1}$는 복소동형(biholomorphism)이다.

따라서 $\mathbb{CP}^n$은 $2n$-차원 미분다양체이다.

(6) 제7장에서 복소다양체를 정의하겠지만, n-차원 복소다양체는 $2n$-차원 미분다양체이다. 예를 들면:

각 $(a_1, \cdots, a_{n+1}) \in \mathbb{C}^{n+1} - \{0\}$에 대하여

$$H := \{ [z_1, \cdots, z_{n+1}] \in \mathbb{CP}^n \mid a_1 z_1^k + \cdots + a_{n+1} z_{n+1}^k = 0 \}$$

는 $(n-1)$-차원 복소다양체이다. 따라서 H는 $(2n-2)$-차원 미분다양체이다.

일반적으로 $p_1, \cdots, p_k$이 **동차다항식**(homogeneous polynomial)이고 **야코비행렬**(Jacobi matrix) $\dfrac{\partial(p_1, \cdots, p_k)}{\partial(z_1, \cdots, z_{n+1})}$의 위수(rank)가 k일 때,

$$V = \{ [z_1, \cdots, z_{n+1}] \in \mathbb{CP}^n \mid p_1(z_1, \cdots, z_{n+1}) = \cdots = p_k(z_1, \cdots, z_{n+1}) = 0 \}$$

는 $(n-k)$-차원 복소다양체이다. 따라서 V는 $(2n-2k)$-차원 미분다양체이다. V는 **사영대수다양체**(projective algebraic variety)로서 대수기하학에서 중요한 공간이다.

초우정리(Chow theorem)에 의하면 $\mathbb{CP}^n$의 콤팩트 복소부분다양체는 대수적(algebraic)이다.

(7) **실그라스만다양체**(real Grassmannian manifold);

$$G_{k,n}(\mathbb{R}) = G_k(\mathbb{R}^n) := \{ \mathbb{R}^n \text{ 내의 } k-\text{차원 실벡타공간} \}$$

는 콤팩트 $k(n-k)$-차원 미분다양체이다.

특히, $G_1(\mathbb{R}^n) = \mathbb{RP}^{n-1}$이다.

(8) **복소그라스만다양체**(complex Grassmannian manifold);

$$G_{k,n}(\mathbb{C}) = G_k(\mathbb{C}^n) := \{\mathbb{C}^n \text{ 내의 } k-\text{차원 복소벡타공간}\}$$

는 콤팩트 $k(n-k)$-차원 복소다양체이다.

따라서 $G_k(\mathbb{C}^n)$은 콤팩트 $2k(n-k)$-차원 미분다양체이다.

또한, 복소그라스만다양체 $G_k(\mathbb{C}^n)$은 복소사영공간

$$G_k(\mathbb{C}^n) \to P(\Lambda^k \mathbb{C}^n) = \mathbb{CP}^{2\lambda_k - 1}$$

이 매장(embedding)됨으로 **사영대수다양체**(projective algebraic manifold)이다. 여기서 $\lambda_k = {}_nC_k$이다.

특히, $G_1(\mathbb{C}^n) = \mathbb{CP}^{n-1}$이다.

2.2 미분다양체 상의 맵(Maps on Differentiable Manifolds)

모든 공간 중에서 유클리트공간이 가장 친숙함으로 위트니정리를 소개하자.

| 정리 2.2.1 | 위트니정리(Whitney Theorem)

만일 M이 k-차원 미분다양체라 하면, 스므스 매장맵(smooth embedding map)

$$f : M \to \mathbb{R}^n, \ n \geq 2k+1$$

이 존재한다. ■

따라서 모든 미분다양체 M은 큰 유클리트공간 $\mathbb{R}^n$의 부분공간으로 생각할 수 있다.

k-차원 미분다양체 M의 각 점 $x \in M \subset \mathbb{R}^n$에 대하여 매개맵(parametrization)

$$\phi : U(0) \subset \mathbb{R}^k \rightarrow V(x) \subset M, \ \phi(0) = x$$

의 미분(derivative)

$$d\phi_0 : \mathbb{R}^k \rightarrow \mathbb{R}^n$$

은 단사선형맵(injective linear map)이다.

$d\phi_0$의 상(image) $T_xM := \{(x, d\phi_0(u)) \mid u \in T\mathbb{R}^k\}$

을 x에서 M의 **탄젠트공간**(tangent space of M at x)이라 한다.

연산 $\lambda(x, d\phi_0(u_1)) + (x, d\phi_0(u_2)) = (x, d\phi_0(\lambda u_1 + u_2)), \lambda \in \mathbb{R}$에 의하여 T_xM은 k-차원 벡타공간이 된다.

듀알 벡타공간

$$T_x^* M := \{h : T_xM \rightarrow \mathbb{R} : \text{선형맵}\}$$

을 x에서 M의 **코탄젠트공간**(cotangent space of M at x)이라 하고,

$$TM := \bigcup_{x \in M} T_xM, \ T^* M := \bigcup_{x \in M} T_x^* M$$

을 각각 M의 **탄젠트번들**(tangent bundle), **코탄젠트번들**(cotangent bundle)이라고 한다. 이때 TM과 $T^* M$은 $2k$-차원 다양체가 된다.

미분다양체 상의 맵 $f : M^k \rightarrow N^l$이 스므스이고, $f(x) = y$라 하자.

x와 y에서 매개맵 ϕ_1, ϕ_2에 대하여

$$\begin{array}{ccc} V_1(x) \subset M & \xrightarrow{f} & V_2(y) \subset N \\ \phi_1 \uparrow & & \phi_2 \uparrow \\ U_1(0) \subset \mathbb{R}^k & \xrightarrow{h} & U_2(0) \subset \mathbb{R}^l, \ \phi_1(0) = x, \ \phi_2(0) = y \end{array}$$

라 하고 $h = \phi_2^{-1} \circ f \circ \phi_1$라 하자.

x에서 f의 미분(derivative)

$$\begin{array}{ccc} df_x : \ T_x M & \to & T_y N \\ d\phi_{1_0} \uparrow & & \uparrow d\phi_{2_0} \\ \mathbb{R}^k & \xrightarrow{dh_0} & \mathbb{R}^l \end{array}$$

를 $df_x := d\phi_{2_0} \circ dh_0 \circ d\phi_{1_0}^{-1}$로 정의한다.

❙ 정리 2.2.2 ❙ 연쇄법칙(chain rule)

만일 $M \xrightarrow{f} N \xrightarrow{g} Z$가 다양체 사이 스므스맵이면

$d(g \circ f)_x = dg_{f(x)} \circ df_x$이다. ■

❙ 정의 2.2.3 ❙ $f : M \to N$이 미분다양체 사이의 스므스맵이고, $x \in M$, $y \in N$ 그리고 $Z \subset N$의 부분다양체라 하자.

(1) f가 x에서 **임머전**(immersion)이란 df_x가 단사일 때,

(2) f가 **임머전**이란 f가 M 의 모든 점에서 임머전일 때,

(3) f가 x에서 **서브머전**(submersion)이란 df_x가 전사일 때,

(4) f가 **서브머전**이란 f가 M의 모든 점에서 서브머전일 때,

(5) f가 **프로퍼**(profer)란 콤팩트의 f의 역상이 X에서 콤팩트

일 때,

(6) f가 **매장**(embedding)이란 f가 단사, 임머전이고 프로퍼일 때이다.

(7) y가 f의 **정칙값**(regular value)란 각 점 $x \in f^{-1}(y)$에서 df_x가 전사일 때,

(8) y가 f의 **임계값**(singular value)란 y가 f의 정칙값이 아닐 때,

(9) x가 f의 **정칙점**(regular point)란 df_x가 전사일 때,

(10) x가 f의 **임계점**(singular point)란 df_x가 전사가 아닐 때,

(11) f가 $Z \subset N$를 **횡단**(transversal)한다란

각 점 $x \in f^{-1}(Z)$에서, $df_x : T_xM \to T_{f(x)}N \supset T_{f(x)}Z$, $T_{f(x)}N = df_x(T_xM) + T_{f(x)}Z$일 때이다.

즉, $T_{f(x)}N$이 $\mathrm{Im}\, df_x$와 $T_{f(x)}Z$에 의해서 생성(span)될 때이다. 기호로 $f \pitchfork Z$로 쓴다.

정의 2.2.3에 따라는 예를 들어보자.

예 2.2.4

(1) $k \le l$일 때 $f : \mathbb{R}^k \to \mathbb{R}^l$,

$f(x_1, \cdots, x_k) = (x_1, \cdots, x_k, 0, \cdots, 0)$은 임머전이다.

(2) $k \ge l$일 때 $f : \mathbb{R}^k \to \mathbb{R}^l$,

$f(x_1, \cdots, x_l, \cdots, x_k) = (x_1, \cdots, x_l)$은 서브머전이다.

(3) 맵 $f : \mathbb{R}^1 \to \mathbb{R}^2$, $f(t) = (\cos 2\pi t, \sin 2\pi t)$에 대하여,

(i) f는 임머전이나 서브머전은 아니다.

(ii) f는 단사도 아니고 프로퍼도 아니며 매장도 아니다.

(iii) $\mathbb{R}^1$의 모든 점은 임계점이고, $S^1 = f(\mathbb{R}^1)$의 모든 점은 임계값이고, $\mathbb{R}^2 - S^1$의 모든 점은 정칙값이다.

(iv) f의 치역을 S^1으로 제한하면 $f: \mathbb{R}^1 \to S^1$ $\mathbb{R}^1$의 모든 점은 정칙점이고 S^1의 모든 점은 정칙값이다.

(v) Z를 x-축이라 하면 f는 Z을 횡단한다.

(vi) f는 $x=0$과 $x=\pm 2$을 횡단하지만, $x=\pm 1$과 $y=\pm 1$은 횡단하지 못한다.

다음은 위의 정의에 따르는 기본정리를 소개하자.

증명은 정의에 따라 증명할 수도 있고, 참고문헌을 찾아볼 수도 있고, 미분위상과목에서 배울 수 있다.

┃정리 2.2.5┃ 다양체 사이의 스므스맵 $f: M \to N$에 대하여

(1) $y \in N$가 f의 정칙값이면 $f^{-1}(y)$는 M의 부분다양체이며 차원은 $\dim f^{-1}(y) = \dim M - \dim N$이다.

(2) $Z \subset N$의 부분다양체로서 f가 Z을 횡단하면 $f^{-1}(Z)$는 M의 부분다양체이며 차원은

$$\dim M - \dim f^{-1}(Z) = \dim N - \dim Z$$

이다. 여기서 $\dim N - \dim Z := \operatorname{codim} Z$를 N에서 Z의 여차원(codimension)이라 한다.

증명(힌트)

(1) y가 정칙값이므로, 각 점 $x \in f^{-1}(y)$

$$df_x : \ T_xM \simeq \mathbb{R}^m \to T_yN \simeq \mathbb{R}^n$$

은 전사인 성형맵이다. $\mathrm{Ker}\, df_X \simeq \mathbb{R}^{m-n}$이 된다.

(2) 만일 $\dim Z = l$이면 각 점 $y \in Z$는 N에서 좌표계 V가 $V \cap Z$는 Z에서 y에서 좌표계가 된다.

이때 $M \xrightarrow{f} N \longrightarrow \mathbb{R}^l$을 (1)에 적용하면 된다. ■

예 2.2.6

(1) 맵 $f : \mathbb{R}^k \to \mathbb{R}$, $f(x_1, \cdots, x_k) = x_1^2 + \cdots + x_k^2$의 정칙값의 집합은 $\mathbb{R} - \{0\}$이고 임계값은 $\{0\}$이다.

정칙값 1의 원상 $f^{-1}(1) = S^{k-1}$은 $(k-1)$-차원 단위구이다.

(2) $gl(n, \mathbb{R})$을 $n \times n$ 행렬의 집합이라 하면 $gl(n, \mathbb{R})$과 $\mathbb{R}^{n^2}$을 동일시 할 수 있고, $\mathrm{Sym}(n, \mathbb{R})$을 $n \times n$ 대칭행렬(symetric matrix)의 집합이라 하면 $\mathrm{Sym}(n, \mathbb{R})$은 $\mathbb{R}^{\frac{n(n+1)}{2}}$와 동일시 할 수 있다.

맵 $f : gl(n, \mathbb{R}) \to \mathrm{Sym}(n, \mathbb{R})$, $f(A) = AA^t$은 스므스하고, 단위행렬 I_n은 f의 정칙값이 된다.

즉, $f^{-1}(I_n) := O(n) = \{A \in gl(n, \mathbb{R}) \mid AA^t = I_n\}$은 직교군(orthogonal group)이고 각 원소 $A \in O(n)$에서 미분 $df_A : gl(n, \mathbb{R}) \to \mathrm{Sym}(n, \mathbb{R})$이 전사이다. 실제로, 각

$C \in \mathrm{Sym}(n, \mathbb{R})$에 대하여 $df_A\left(\frac{1}{2}CA\right) = C$이다.

따라서 $O(n)$은 $n^2 - \frac{n(n+1)}{2} = \frac{n(n-1)}{2}$ 차원 리군(Lie group)이다.

(3) 맵 $f : \mathbb{R}^3 \to \mathbb{R}^2$, $f(x_1, x_2, x_3) = (x_1, x_2)$는 $S^1 \subset \mathbb{R}^2$을 횡단하고 $f^{-1}(S^1) = S^1 \times \mathbb{R}$은 시린더(cylinder)이다.

스므스맵 $f : M \to N$의 정칙값 $y \in N$의 원상 $f^{-1}(y)$는 M의 부분다양체이며 차원은 $\dim M - \dim N$이었다.

사드정리는 정칙값이 얼마나 있을까?에 대한 답을 준다.

| 정리 2.2.7 | 사드정리(Sard Theorem)

만일 $f : M \to N$이 다양체 사이의 스므스맵이면 N이 **거의 모든 점**(almost every point)이 f의 정칙값이다. ■

사드정리에서 N의 거의 모든 점이란 N의 **측도** 0(measure zero)인 부분집합의 여집합을 의미한다. N에서의 측도는 N이 다양체이므로 유클리트공간에서 정의된다. 어떤 스므스맵이든 거의 모든 값이 정칙값이므로 정칙값의 존재에 대한 걱정은 없다.

특히 치역 N이 $\mathbb{R}$일 때 스므스맵 $f : M \to \mathbb{R}$으로부터 M의 많은 기하학적 성질이 유도된다. 사드정리로부터 다음 정리를 얻는다.

| 정리 2.2.8 | 모스정리(Morse Theorem)

다음 조건을 만족하는 스므스맵 $f : M \to \mathbb{R}$이 존재한다:

(1) $a \in M$에서 미분 $df_a = 0$이면,

a에서 f의 **헤시안행렬**(Hessian matrix)

$$H(f)(a) := \left(\frac{\partial^2 f}{\partial x_i \partial x_j}(a) \right)$$

의 행렬식(determinant)이 0이 아니다.

(2) a 근방에서 $f = f(a) + \sum_{i=1}^{k} \varepsilon_i x_i^2$, $\varepsilon_i = \pm 1$이다. ■

모스정리의 f를 **모스맵**(Morse function)이라 한다.

사드정리에 의하여 임의의 스므스맵은 작은 변형(perturbation)으로 모스맵을 얻을 수 있다.

예 2.2.9

(1) 모스맵 $f : M \to \mathbb{R}$의 임계점 a의 주변에서

$$f(x_1, \cdots, x_k) = f(a) + \sum_{i=1}^{k} \varepsilon_i x_i^2, \ \varepsilon_i = \pm 1$$

로 나타난다. 이때 $\varepsilon_i = -1$의 개수를 f의 a에서 **지표**(index)라 한다. 지표와 그래디언트벡타장(gradient vector field) ∇f의 플로라인(flow line)에 의하여 M의 호몰로지 위한 체인콤프렉스(chain complex)가 정해진다.

모스이론을 이용한 예를 들어보자.

(2) 다양체 M상의 두 점 p, q를 잇는 커브들의 집합 $\mathscr{M} = \{ r \mid r : [0, 1] \to M, \ r(0) = p, \ r(1) = q \}$상의 길이맵

(distance map) $f: \mathscr{M} \to \mathbb{R}$, $f(r) = \int_0^1 |r'(t)|dt$의 임계점은 **측지선**(geodesic)이 된다.

(3) 곡선을 경계로 하는 면적맵(area map)의 임계점은 국소적으로 곡면들 중 면적을 최소로 하는 **미니멀곡면**(minimal surface)도 유도된다.

(4) 심플렉틱다양체에서 심플렉틱작용맵(symplectic action funtional)으로부터 **플로에호몰로지**(Floer homology)를 유도된다.

(5) 유니타리군(Unitary group)에 모스이론(Morse theory)을 이용하면 **보트주기정리**(Bott periodicity theorem)과 K-**이론**(K-theory)이 얻어진다.

보트의 주기정리를 알아보자.

유니타리군(unitary group)

$$U(n) = \{A \mid A : \mathbb{C}^n \to \mathbb{C}^n : \text{복소선형맵},\ A\overline{A^t} = I\}$$

은 복소미분다양체이다.

$U = \lim_{n \to \infty} U(n)$이라 두면, 호모토피군(homotopy group)은

$$\pi_0(U) = \pi_0(U(1)) = 0$$

$$\pi_1(U) = \pi_1(U(1)) = \mathbb{Z}\text{이고}$$

$$\pi_2(U) = \pi_2(SU(2)) = \pi_2(S^3) = 0,$$

$$\pi_3(\mathbb{U}) = \pi_3(SU(2)) = \mathbb{Z}\text{이다.}$$

| 정리 2.2.10 | 보트주기정리(Bott Periodicity Theorem)

$$\pi_0(U) = \pi_2(U) = \pi_4(U) = \cdots = \pi_{2n}(U) = 0,$$

$$\pi_1(U) = \pi_3(U) = \cdots \pi_{2n+1}(U) = \mathbb{Z}$$

이다. ■

직교군(orthogonal group)

$$O(n) = \{A \mid A : \mathbb{R}^n \to \mathbb{R}^n : \text{선형맵},\ AA^* = I\}$$

은 미분다양체다. $O = \lim_{n \to \infty} O(n)$라 두자.

| 정리 2.2.11 | 보트주기정리(Bott Periodicity Theorem)

자연수 $n \in \mathbb{N}$에 대하여, 호모토피군

$$\pi_n(O) = \begin{cases} \mathbb{Z}_2 & n = 0 \pmod 8 \\ \mathbb{Z}_2 & n = 1 \pmod 8 \\ 0 & n = 2 \pmod 8 \\ \mathbb{Z}_2 & n = 3 \pmod 8 \\ 0 & n = 4 \pmod 8 \\ 0 & n = 5 \pmod 8 \\ 0 & n = 6 \pmod 8 \\ \mathbb{Z} & n = 7 \pmod 8 \end{cases}$$

이다. ■

증명은 참고문헌(59)을 참고하시오.

CHAPTER 03 벡타번들(Vector Bundles)

3.1 특성클래스(Characteristic Classes)

k-차원 미분다양체 M상의 벡타공간 F의 장(field)인 벡타번들을 공부하자.

| 정의 3.1.1 | 위수(rank)가 n인 **벡타번들**(vector bundle) $F \longrightarrow E \xrightarrow{\pi} M$이란:

(1) F는 번들의 **파이버**(fiber)로서 n-차원 벡타공간이고,
M은 번들의 **기저공간**(base space)로서 k-차원 미분다양체이고,
E는 번들의 **전공간**(total space)이고, π는 사영맵(projection)이다.

(2) $\mathscr{U}$는 M의 열린피복(open cover)이며 각 $U \in \mathscr{U}$에 대하여

$$\begin{array}{ccc} \pi^{-1}(U) & \xrightarrow{\varphi_U} & U \times F \\ & \pi \searrow \quad \swarrow P_1 & \\ & U & \end{array}$$

다이어그램이 교환이고, 각 점 $x \in U$,
$\varphi_U|_x : \pi^{-1}(x) \to \{x\} \times F$가 선형동형이다.

(3) 만일 $U,\ V \in \mathscr{U}$가 $U \cap V \neq \phi$이면, 맵

$$\varphi_{U,V} : U \cap V \to \mathrm{Aut}(F),\ \varphi_{U,V}(x) := \varphi_U|_x \circ \varphi_V|_x^{-1}$$

이 $U\cap V\cap W\neq \phi$이면 $\varphi_{U,V}\circ \varphi_{V,W}=\varphi_{U,W}$, $\varphi_{U,V}=\varphi_{V,U}^{-1}$를 만족한다. ■

여기서 조건 (2)를 **국소자명화**(local trivialization)이라 하고, (3)의 $\varphi_{U,V}$를 **트란지션맵**(transition map)이라 하고, (3)의 조건을 **양립조건**(compatible condition)이라 한다.

만일 F가 n-차원 복소벡타공간이면 E을 **위수**(rank)가 n인 **복소벡타번들**(complex vector bundle)이라 한다.

벡타번들은 정공간 M의 기하학적 성질과 파이버를 어떻게 트란지션맵으로 붙였는가에 따라 결정된다. 번들의 꼬임을 나타내는 것이 M의 코호몰로리의 특성클래스(characteristic classes)로 나타난다.

특성클래스는 스틴로드연산자(Steenrod operator), 톰동형(Thom isomorphism), 기신열(Gysin sequence)에 의하여 얻어진다. 여기서 정의와 결과만 소개하고, 구체적인 것은 전문서적(50)을 참조하시오.

| 정의 3.1.2 | $F\to E\to M$을 위수 n인 벡타번들이라 하자.

(1) **스티펠-위트니클래스**(Stiefel-Whitney classes):

$$\omega_i(E)=\omega_i\in H^i(M,\ \mathbb{Z}_2),\ i=0,\ 1,\ \cdots,\ n$$

(2) **천클래스**(Chern classes):

$$c_i(E)=c_i\in H^{2i}(M,\ \mathbb{Z}),\ i=0,\ 1,\ \cdots,\ n.$$

만일 E가 복소벡타번들일 때.

(3) **폰트리야긴클래스**(Pontrjagin classes):

$$p_i(E)=p_i\in H^{4i}(M,\ \mathbb{Z}),\ i=1,\ \cdots,\ \left[\frac{n}{2}\right]$$

(4) **오일러클래스**(Euler class):

$e(E) = e \in H^n(M, \mathbb{Z})$, 만일 E가 방향가(orientable)일 때.

| 정리 3.1.3 | 위수가 n인 벡터번들 $F \to E \to M$에 대하여,

(1) 모든 0-번째 특성클래스 $\omega_0 = 1$, $c_0 = 1$, $p_0 = 1$이다.

(2) 맵 $f: N \to M$에 대하여, $f^*(\omega_i(E)) = \omega_i(f^* E)$,

$f^* c_i(E) = c_i(f^* E)$, $f^*(e(E)) = e(f^*(E))$,

$f^* p_i(E) = p_i(f^*(E))$이다.

(3) $c_i(E) = \omega_{2i}(E) \mod 2$, $p_i(E) = (-1)^i c_{2i}(E \otimes \mathbb{C})$

$c_n(E) = e(E)$, $p_k(E) = e(E)^2$ 만일 E의 위수가 $2k = n$일 때.

(4) 전특성클래스(total characteristic classes)는

$\omega(E_1 \oplus E_2) = \omega(E_1)\omega(E_2)$,

$c(E_1 \oplus E_2) = c(E_1)c(E_2)$

$p(E_1 \oplus E_2) = p(E_1)p(E_2) \mod 2$,

$e(E_1 \oplus E_2) = e(E_1)e(E_2)$이다.

여기서 전천클래스(total Chern class)는

$c(E) = c_0(E) + c_1(E) + \cdots + c_n(E)$이다.

k-차원 미분다양체 M상에 벡타번들의 스티펜-위트니클래스 곱의 차원이 k, 천클래스의 곱의 차원이 k, 혹은 폰트리아긴클래스의 곱의 차원이 k가 되는 코호몰로지클래스 $\alpha \in H^k(M)$의 값 $\alpha[M]$을 각각 **스티펠-위트니수**(Stiefel-Whitney number), **천수**(Chern number), **폰트리아긴수**(Pointrjagin number)라고 한다.

이 특성수(characteristic number)는 다양체 연구에 중요한 역할을 한다. 예를 들면,

| 정리 3.1.4 | 폰트리야긴-톰 정리(Pontrjagin–Thom Theorem)

k-차원 다양체 M이 $(k+1)$-차원 다양체 W의 경계 $\partial W = M$이 될 필요충분조건은 M상의 탄젠트번들 $E = TM \to M$의 모든 스티펠-위트니수가 0이다. ■

만일 위수 n 복소벡타번들 $\mathbb{C}^n \to E \to M$이 n개의 복소라인번들 $\mathbb{C} \to L_i \to M$의 합 $E = L_1 \oplus \cdots \oplus L_n$이면 전천클래스는

$$\begin{aligned} c(E) &= c(L_1 \oplus \cdots \oplus L_n) \\ &= c(L_1) \cdots c(L_n) \\ &= (1 + c_1(L_1)) \cdots (1 + c_1(L_n)) \\ &= \prod_{i=1}^{n} (1 + x_i), \quad x_i = c_1(L_i) \text{라 하면,} \end{aligned}$$

이다. 따라서 E의 천클래스는

$$c_1(E) = x_1 + \cdots + x_n$$

$$c_2(E) = x_1 x_2 + \cdots + x_{n-1} x_n$$

$$\cdots\cdots$$

$$c_n(E) = x_1 \cdots x_n = e(E)$$

가 된다.

그러므로 $c_1(E), \cdots, c_n(E)$은 $\{x_1, \cdots, x_n\}$의 **기본대칭다항식**(elementary symmetric polynomial)이 된다.

모든 대칭다항식은 기본대칭다항식의 결합으로 표시된다.

일반적으로 번들 E는 라인번들들의 합으로 되지 않지만 특성클래스를 계산하는데 벡타번들들의 **분리원리**(splitting principle)를 사용한다. 그 근거는 다음과 같다.

| 정리 3.1.5 | 만일 $E \to M$이 복소벡타번들이면 다음 조건을 만족하는 다양체 N과 맵 $f: N \to M$이 존재한다:

(1) $f^* E$는 복소라인번들들의 합이다.

(2) $f^* : H^*(M) \to H^*(N)$이 단사이다. ■

다음은 벡타번들의 중요한 성질, 정의, 예를 알아보자.

예 3.1.6

(1) 탄젠트번들 $E = TM \to M$에 대하여

$\omega_1(TM) = 0 \in H^1(M, \mathbb{Z}_2)$일 필요충분조건은 M이 **방향가**(orientable)이다.

만일 $\omega_1(TM) = 0$일 때 $\omega_2(TM) = 0$일 필요충분조건은 M이 **스핀다양체**(spin manifold)이다.

(2) **천캐랙터**(Chern character)는

$$\mathrm{ch}: \{ E \mid E\text{는 } M\text{상의 복소벡타번들} \} \to H^*(M, \mathbb{Q})$$

$$\mathrm{ch}(E) := \sum_{i=1}^{n} e^{x_i}, \quad \text{만일 } E\text{의 위수가 } n\text{이면,}$$

$$= n + (x_1 + \cdots + x_n) + \frac{1}{2}\left(x_1^2 + \cdots + x_n^2\right) + \frac{1}{3!}\cdots$$

$$= n + c_1(E) + \frac{1}{2}(c_1(E)^2 - 2c_2(E)) + \cdots$$

로 정의한다.

$$\mathrm{ch}(E+F) = \mathrm{ch}(E) + \mathrm{ch}(F),$$
$$\mathrm{ch}(E \otimes F) = \mathrm{ch}(E) \cdot \mathrm{ch}(F)$$

이므로 ch는 환준동형(ring homomorphism)이다.

(3) 토드클래스(Todd class)는

$$\mathrm{td}: \{E \mid E\text{는 } M\text{상의 복소벡타번들}\} \to H^*(M, \mathbb{Q})$$

$$\mathrm{td}(E) := \prod_{i=1}^{n} \frac{x_i}{1-e^{-x_i}}, \quad \text{만일 } E\text{의 위소가 } n\text{이면},$$

$$= 1 + \frac{1}{2}c_1(E) + \frac{1}{12}(c_1^2(E) + c_2(E)) + \cdots$$

로 정의한다.

(4) M이 지너스 g인 리만곡면(Riemann surface with genus g)이고 $E = TM$이면,

$c(E) = 1 + (2-2g)a, \ H^2(M, \mathbb{Z}) = \mathbb{Z} = \langle a \rangle,$

$\mathrm{ch}(E) = 1 + (2-2g)a,$

$\mathrm{td}(E) = 1 + (1-g)a$이다.

(5) 만일 $E = T\mathbb{CP}^n \to \mathbb{CP}^n$이면

$c(E) = (1+a)^{n+1}$, 여기서 $H^2(\mathbb{CP}^n, \mathbb{Z}) = \mathbb{Z} = \langle a \rangle$이다.

특히 $n = 2$이면 $c(E) = 1 + 3a + 3a^2$,

$$\mathrm{ch}(E) = 2 + 3a + \frac{3}{2}a^2,$$

$$\mathrm{td}(E) = 1 + \frac{3}{2}a + a^2$$이다.

(6) 위수 n인 복소벡타번들 $E = L_1 \oplus \cdots \oplus L_n$에 대하여 **외대수**(exterior algebra)는 $\Lambda^*(E) = \sum_{i=0} \Lambda^i(E)$이고,

벡타공간에서 $\Lambda^*(V \oplus W) = \Lambda^*(V) \otimes \Lambda^*(W)$이므로

$\Lambda^*(E) = \bigotimes_{i=1}^{n} \Lambda^*(L_i) = \bigotimes_{i=1}^{n} (\mathbb{C} + L_i)$이다.

$$\mathrm{ch}(\Lambda^* E) = \mathrm{ch}\left(\bigotimes_{i=1}^{n} (\mathbb{C} + L_i)\right) = \prod_{i=1}^{n} (1 + e^{x_i})$$

$\Lambda^{-*}(E) := \sum_{i=0}^{n} (-1)^i \Lambda^i(E)$라고 두면,

$\mathrm{ch}(\Lambda^{-*}(E)) = \prod_{i=1}^{n} (1 - e^{x_i})$가 된다.

(7) 벡타번들 $\mathbb{R}^n \to E \to M$의 폰트리야긴클래스는

$$p_i(E) = (-1)^i c_{2i}(E \otimes \mathbb{C}) \in H^{4i}(M, \mathbb{Z}),\ i = 0, 1, \cdots, \left[\frac{n}{2}\right]$$

이다. 분리원리를 사용하면

$E \otimes \mathbb{C} = L_1 \oplus \overline{L_1} \oplus \cdots \oplus L_r \oplus \overline{L_r}$, 여기서 $n = 2r$이고

$\overline{L_i}$는 L_i의 켤레(conjugate) 라인번들이다.

$L_i \otimes \overline{L_i} = \mathbb{C}$이므로 $c_1(\overline{L_i}) = -c_1(L_i)$이다.

만일 $c_1(L_i) = x_i$라 하면 $c_1(\overline{L_i}) = -x_i$이고 $c_{2i+1}(E \otimes \mathbb{C}) = 0$ 이므로

$$p_1(E) = x_1^2 + \cdots + x_r^2,$$

$$p_2(E) = x_1^2 x_2^2 + x_1^2 x_3^2 + \cdots + x_{r-1}^2 x_r^2,$$

$$\vdots$$

$$p_{\left[\frac{n}{2}\right]}(E) = x_1^2 \cdots x_r^2$$

이다. 따라서 $p_1, \cdots, p_{\left[\frac{n}{2}\right]}$은 $\{x_1^2, \cdots, x_r^2\}$의 기본대칭다항식이다.

(8) 방향벡터번들 $F = \mathbb{R}^n \to E \to M$에서
$F_0 = F - \{0\}$, $E_0 = E - \{0-$섹션$\}$라고 두자.

(i) **기본코호몰로지클래스**(fundamental cohomology class)

$$u \in H^n(E, E_0 ; \mathbb{Z})$$

는 유일하게 존재하여 다음 성질을 만족한다.

(a) 제한맵 $H^n(E, E_0 ; \mathbb{Z}) \to H^n(E_x, E_{x0} ; \mathbb{Z})$,
각 점 $x \in M$에 대하여,

$$u \mapsto u_x$$

는 생성원(generator)이다.

(b) $\cup u : H^i(E ; \mathbb{Z}) \to H^{n+i}(E, E_0 ; \mathbb{Z})$, $^\forall i$,

$$a \mapsto a \cup u$$

은 동형이다.
이를 **톰동형**(Thom isomorphism)이라 하고 u를 **톰클래스**(Thom class)라 한다.

또한 호몰로지에서

$$u\cap\ : H_{n+i}(E,\ E_0\,;\mathbb{Z}) \to H_i(E\,;\mathbb{Z}),$$

$$\alpha \mapsto u\cap\alpha$$

도 동형이다. 또한 $\langle a,\ u\cap\alpha\rangle = \langle a\cup u,\ \alpha\rangle$이다.

(c) 제한맵

$$H^n(E,\ E_0\,;\mathbb{Z}) \to H^n(E\,;\mathbb{Z}) \xrightarrow{\sim} H^n(M\,;\mathbb{Z}),$$

$$u \mapsto u\,|_E \to e(E)$$

은 번들 E의 **오일러클래스**(Euler class) $e(E)$가 된다.

(ii) 포함맵 $E_0 \to E \to (E,\ E_0)$에 대한 긴 완전열(long exact sequence)은 E의 **기신열**(Gysin sequence)

$$\cdots \to H^i(M\,;\mathbb{Z}) \xrightarrow{\cup e} H^{i+n}(M\,;\mathbb{Z}) \to H^{i+n}(E_0)$$

$$\to H^{i+1}(M\,;\mathbb{Z}) \xrightarrow{\cup e} \cdots$$

을 유도한다.

(iii) 만일 $n=2r$이고 $\mathbb{C}^r = F \to E \to M$이 복소벡타번들이면,

$$e(E) = c_r(E) \in H^n(M\,;\mathbb{Z}),$$

$$e(E)^2 = c_r(E)\,c_r(E) = (-1)^r c_n(E\otimes\mathbb{C})$$

$$= p_r(E) \in H^{2n}(M\,;\mathbb{Z})\text{이며,}$$

$$e(E) = \prod_{i=1}^{r} x_i, \quad p_r(E) = \prod_{i=1}^{n} x_i^2 \text{이 된다.}$$

또한 $c_i(E) = \omega_{2i}(E) \mod 2, \ i = 1, \cdots, r$이다.

3.2 아티야-싱어 지표정리(Atiyah–Singer Index Theorem)

n-차원 미분다양체 M이 콤팩트이고 방향가(orientable)라고 하자. E와 F를 M상의 복소벡타번들이라 하고 E의 섹션들의 집합을 $\Gamma(E)$라고 쓰자.

선형편미분연산자(linear partial differential operator)

$$D : \Gamma(E) \to \Gamma(F)$$

는 국소적으로

$$D := \sum_{|\alpha| \leq m} a_\alpha(x) D^\alpha$$

로 나타난다. 여기서 $x \in M, \ \alpha = (\alpha_1, \cdots, \alpha_n)$

$$|\alpha| = \alpha_1 + \cdots + \alpha_n, \quad D^\alpha = \frac{\partial^{\alpha_1}}{\partial x_1^{\alpha_1}} \cdots \frac{\partial^{\alpha_n}}{\partial x_n^{\alpha_n}},$$

$$a_\alpha(x) : E_x \to F_x$$

는 선형맵이다.

| 정의 3.2.1 |

(1) 각 코탄젠트벡타 $\xi = (\xi_1, \cdots, \xi_n) \in T_x^* M$에 대하여 D^i를 ξ_i로 대치한 최대차원 행렬

$$\sigma(x, \xi) := \sum_{|\alpha| = m} a_\alpha(x) \xi_\alpha$$

를 D의 **심볼**(symbol)이라 하고, $\sigma(D)$로 나타내자.

(2) 각 점 $x \in M$, 각 $\xi \in T_x^* M - \{0\}$에 대하여

$\sigma(x, \xi) : E_x \to F_x$이 동형(isomorphism)일 때

D를 **엘립틱**(elliptic)이라 한다.

(3) **연산자열**(sequence of operations)

$$D : \cdots \to \Gamma(E_p) \xrightarrow{D_p} \Gamma(E_{p+1}) \to \cdots$$

가 (i) $D_{p+1} \circ D_p = 0 \quad {}^\forall p$이고

(ii) 각 $x \in M$, 각 $\xi \in T^* M - \{0\}$에 대하여 국소심볼열

$$\cdots \to E_{p,\,x} \xrightarrow{\sigma_p(x,\,\xi)} E_{p+1,\,x} \to \cdots$$

이 완전(exact)일 때,

연산열 $D = \{D_p\}$를 **엘립틱**(elliptic)이라고 한다.

코탄젠트번들 $\pi : T^* M \to M$에 대하여 $\{E_i \to M\}$는 M상의 번들이고 심볼 $\{\sigma(D) \to T^* M\}$는 $T^* M$상의 번들이며 제한 $\sigma(D)|_M$은 $\{E_i\}$가 된다.

예 3.2.2

(1) $M=\mathbb{R}^3$, $E=M\times\mathbb{R}=F$라 하면 **라프라스연산자**(Laplace operator)

$$\Delta := \frac{\partial^2}{\partial x_1^2}+\frac{\partial^2}{\partial x_2^2}+\frac{\partial^2}{\partial x_3^2} : \Gamma(E)=c^{\infty}(\mathbb{R}^3,\ \mathbb{R})\to\Gamma(F)$$

의 심볼은 $\sigma(x,\ \xi)=\xi_1^2+\xi_2^2+\xi_3^2$, $\xi\in\mathbb{R}^3-\{0\}$
는 0가 아닌 1×1 행렬이므로 Δ는 엘립틱연산자이다.

(2) $M=\mathbb{R}^3$, $E=M\times\mathbb{R}$, $F=T\mathbb{R}^3$라 하면 **그레디언트연산자**(gradient operator)

$$\nabla : \Gamma(E)\to\Gamma(F),\ \nabla(f)=\left(\frac{\partial f}{\partial x_1},\ \frac{\partial f}{\partial x_2},\ \frac{\partial f}{\partial x_3}\right)$$

의 심볼은 $\sigma(x,\ \xi)=\begin{bmatrix}\xi_1\\ \xi_2\\ \xi_3\end{bmatrix} : \mathbb{R}^1\to\mathbb{R}^3,\ \xi\not\in\mathbb{R}^3-\{0\}$

이므로 ∇는 엘립틱연산자가 아니다.

(3) $M=\mathbb{R}^3$, $E=M\times\mathbb{R}$, $F=TM$, $G=TM$, $H=M\times\mathbb{R}$이라 하고

$$D : 0\to\Gamma(E)\xrightarrow{\nabla}\Gamma(F)\xrightarrow{\nabla\times\cdot}\Gamma(G)\xrightarrow{\nabla\cdot}\Gamma(H)\to 0$$

여기서 ∇ =gradient, $\nabla\times\cdot$ =curl, $\nabla\cdot$ =divergence이다.
각 점 $x\in M$, 각 $\xi\in T_x^*M-\{0\}$에 대하여 심볼열

$$0 \to \mathbb{R} \xrightarrow{\begin{bmatrix} \xi_1 \\ \xi_2 \\ \xi_3 \end{bmatrix}} \mathbb{R}^3 \xrightarrow{\begin{bmatrix} 0 & -\xi_3 & \xi_2 \\ \xi_3 & 0 & -\xi_1 \\ -\xi_2 & \xi_1 & 0 \end{bmatrix}} \mathbb{R}^3 \xrightarrow{[\xi_1,\ \xi_2,\ \xi_3]} \mathbb{R} \to 0$$

은 완전열(exact sequence)이다.

따라서 연산자열 D는 엘립틱이다.

| 정리 3.2.3 | 아티야-싱어정리(Atiyah–Singer Theorem)

M이 콤팩트 n-차원 방향미분다양체이고, D는 M상의 엘립틱연산자이며 D의 심볼을 $\sigma(D)$라 하자.

D의 **지표**(index)는

$$\begin{aligned} \text{index}(D) &= \dim(\ker D) - \dim(\text{coker}\, D) \\ &= (-1)^n \text{ch}(\sigma(D)) \cdot \text{td}(TM \otimes \mathbb{C})\ [TM] \\ &= (-1)^{\frac{n(n+1)}{2}} \frac{i^* \text{ch}(\sigma(D)) \cdot \text{td}(TM \otimes \mathbb{C})}{e(TM)} [M] \\ &= (-1)^{\frac{n(n+1)}{2}} \frac{\text{ch}(\Sigma(-1)^i E_i) \cdot \text{td}(TM \otimes \mathbb{C})}{e(TM)} [M] \end{aligned}$$

이다. ■

주의 (1) D의 지표공식에 심볼 $\sigma(D)$는 나타나지 않고 벡타번들 $\{E_i\}$와 TM과 M의 특성클래스로만 나타났다.

(2) 지표공식은 해석학과 대수학적 지표(algebraic index) $A-\text{index}(D)$와 번들 특성클래스의 위상적 지표(topological index) $T-\text{index}(D)$가 같다는 것이다.

3.3 오일러지표(Euler Index)

M을 방향을 갖는 n차원 콤팩트 미분다양체라 하자. $\Omega^k = C^\infty(\Lambda^k T^* M \otimes \mathbb{C})$를 M상의 복소값을 갖는 스므스 k형식들의 벡터공간이라 하자.

외미분(exterior derivative)들의 열 $d = \{d_i\}$

$$\cdots \xrightarrow{d_{i-1}} \Omega^i(M) \xrightarrow{d_i} \Omega^{i+1}(M) \xrightarrow{d_{i+1}} \Omega^{i+2}(M) \to \cdots$$

을 드람복체(de Rham complex) 혹은 드람연산자(de Rham operator)라 한다.

국소좌표계에서 외미분은

$$d_1(a_I dx_I) = \sum_j \frac{\partial a_I}{\partial x_j} dx_j \wedge dx_I$$

이다. 즉,

$$d_i = \sum_j \frac{\partial}{\partial x_j} dx_j$$

이다. 점 x에서 코탄젠트벡터 $\xi = \sum_j \xi_j dx_j \in T_x^* M$에 대하여

$$\xi \wedge dx_I = \sum_j \xi_j dx_j \wedge dx_I$$

이고, d_i의 국소기호(local symbol)는

$$\sigma_i(x, \xi)(v) = \xi \wedge v, \ v \in \Lambda^i T^* M \otimes \mathbb{C}$$

이다. 따라서 각 1-폼 $(x, \xi) \in T_x^* M$에 대하여, d의 기호열은

$$\cdots \xrightarrow{\xi\wedge} \Lambda^i T_x^* M \otimes \mathbb{C} \xrightarrow{\xi\wedge} \Lambda^{i+1} T_x^* M \otimes \mathbb{C} \xrightarrow{\xi\wedge} \cdots$$

이다. 만일 $\xi \neq 0$이면, 이 심볼열(symbol sequence)은 완전열(exact sequence)이다. 따라서 드람연산자 d는 엘립틱(elliptic)이다. 지표정리에 의해

$$\mathrm{index}(d) = (-1)^n \mathrm{ch}(\sigma(d)) \cdot \mathrm{td}(T^* M \otimes \mathbb{C})[T^* M],$$

$$\dim_{\mathbb{C}}\left(\frac{\mathrm{Ker}(d_i)}{\mathrm{Im}(d_{i-1})}\right) = \dim_{\mathbb{C}} H^i_{dR}(M) \otimes \mathbb{C} = \dim_{\mathbb{R}} H^i(M, \mathbb{R})$$

이다. 따라서 좌변 $\mathrm{index}(d) = \sum_i \dim_{\mathbb{R}} H^i(M, \mathbb{R}) = \chi(M)$는 X의 오일러수이다.

우변을 계산해 보자.

$n(=2l)$이 짝수일 때

$$(-1)^{\frac{n(n+1)}{2}} \frac{\mathrm{ch}((-1)^i \Lambda^i T^* M \otimes \mathbb{C}) \cdot \mathrm{td}(T^* M \otimes \mathbb{C})}{e(T^* M)}[M]$$

이고, 분리의 원리(splitting principle)를 사용하면

$$\mathrm{ch}(\Sigma(-1)^i \Lambda^i T^* M \otimes \mathbb{C}) = \prod_{i=1}^{n} (1 - e^{x_i})(T^* M \otimes \mathbb{C}),$$

$$\mathrm{td}(T^* M \otimes \mathbb{C}) = \prod_{i=1}^{n} \frac{x_i}{1 - e^{-x_i}}(T^* M \otimes \mathbb{C}),$$

$$e(T^* M) = \prod_{i=1}^{l} x_i (T^* M \otimes \mathbb{C})$$

이다. 따라서

$$\begin{aligned} \mathrm{index}(d) &= (-1)^{l(n+1)} \cdot (-1)^l \prod_{i=1}^{l} x_i (T^* M \otimes \mathbb{C})[M] \\ &= e[M] \end{aligned}$$

이다. 만일 n이 홀수라면, 오일러류 $e \in H^n(M, \mathbb{R})$은 0이다. 원점에 대하여 대칭인 사상 $\alpha : T^*M \to T^*M$, $\alpha(\xi) = -\xi$에 대하여 $\alpha^*(\sigma(d))$의 기호열은

$$\cdots \xrightarrow{-\xi\wedge} \Lambda^i T^*M \otimes \mathbb{C} \xrightarrow{-\xi\wedge} \Lambda^{i+1} T^*M \otimes \mathbb{C} \to \cdots$$

이며, $\sigma(d)$와 $\alpha^*(\sigma(d))$는 T^*M상에서 동치(equivalence)이다.

콤팩트받침(compact support)을 갖는 코호몰로지클래스 $b \in H^*_{\mathrm{comp}}(T^*M)$에 대하여,

$$b[T^*M] = \alpha^* b[\alpha_*(TM)] = (-1)^n \alpha^* b[T^*M]$$

이다. 그리고 지표정리에 의하여 $\mathrm{index}(d) = -\mathrm{index}(d)$이므로 $\mathrm{index}(d) = 0 = e[M]$이다.

❙ 정리 3.3.1 ❙ M이 방향을 갖는 콤팩트 n차원 미분다양체일 때 d의 지표는

$$\mathrm{index}(d) = e[M] = \chi(M)$$

M의 오일러수이다.

3.4 힐저브르크-리만-록 정리(Hirzebruch–Riemann–Roch Theorem)

복소다양체는 7장에서 다루지만 힐저브르크-리만-록 정리를 소개하기 위하여 복소다양체를 간단히 알아보자.

M을 콤팩트 n차원 복소다양체라 하고, $T=TM$를 $2n$차원 다양체 M의 탄젠트번들이라 하자. 그리고 T_c를 M의 복소탄젠트번들이라 하고, $\overline{T_c}$를 켤레번들(conjugate bundle)이라 하자. 표준동형(canonical isomorphism) $\Phi : T\otimes_{\mathbb{R}}\mathbb{C} \to T_c \oplus \overline{T_c}$는

$$\Phi(v\otimes 1 + w\otimes i) = \frac{1}{2}(v+iw,\ v-iw)$$

로 주어진다. 그리고 복소듀알(complex dual) $\Phi^* : T_c^* \oplus \overline{T_c}^* \to (T\otimes_{\mathbb{R}}\mathbb{C})^*$는 $\Phi^*(\alpha, \beta) = \alpha + \beta$로 주어진다. 여기서 $\alpha = \alpha_1 + i\alpha_2$와 $\beta = \beta_1 + i\beta_2$은 $\alpha_1 \otimes 1 + \alpha_2 \otimes i$와 $\beta_1 \otimes 1 + \beta_2 \otimes i$로 동일시 한다.

그리고 복소벡터번들은 $\Lambda^k T^* \otimes \mathbb{C} = \sum_{p+q=k} \Lambda^{p,q} T_c^*$로 분리된다. 여기서 $\Lambda^{p,q} T_c^* = \Lambda^p T_c^* \otimes \Lambda^q \overline{T_c}^*$이다. 따라서

$$\Omega^k = C^\infty(\Lambda^k T^* \otimes \mathbb{C}) = \sum_{p+q=k} \Omega^{p,q}$$

로 분리되고, $\Omega^{p,q} = C^\infty(\Lambda^{p,q} T_c^*)$는 매끄러운 (p, q)형의 형식의 공간이다.

각 (p, q)에 대하여, 선형연산자

$$\Omega^{p,q} \xrightarrow{d} \Omega^{p+q+1} \xrightarrow{\pi'} \Omega^{p+1,q}$$

$$\Omega^{p,q} \xrightarrow{d} \Omega^{p+q+1} \xrightarrow{\pi''} \Omega^{p,q+1}$$

가 있고, 여기서 π', π''는 자연스러운 사영맵이다. 이때 $\partial_{p,q} \equiv \pi' \circ d$, $\bar{\partial}_{p,q} \equiv \pi'' \circ d$이고, $\Omega^{p,q}$상에서 $d = \partial_{p,q} + \bar{\partial}_{p,q}$이다. 국소적으로 $\partial_{p,q}$와 $\bar{\partial}_{p,q}$를 표현해 보자. 한 점 $p \in M$의 근방에서 좌표

계를 $z_j = x_j + iy_j$, $j = 1, \cdots, n$라 하자. 탄젠트벡터 $v \in T_pM$에 대하여 $dx_j(iv) = -dy_j(v)$이다. 이때

$$dy_j(iv) = -dx_j(v)$$

이다.

따라서 $dx_j + idy_j$는 T_c^*의 국소섹션(local section)이고, $dx_j - idy_j$는 $\overline{T_c}^*$의 국소섹션이다. 왜냐하면 $dx_j(iv) = -dy_j(v)$이고 $dy_j(iv) = dx_j(v)$이므로

$$(dx_j + idy_j)(iv) = i(dx_j + idy_j)(v),$$

$$(dx_j - idy_j)(iv) = -i(dx_j - idy_j)(v)$$

이다.

동형사상 $\Phi^* : T_c^* \oplus \overline{T_c}^* \to (T \otimes_{\mathbb{R}} \mathbb{C})^*$하에서

$$dz_j = dx_j \otimes 1 + dy_j \otimes i, \ d\overline{z_j} = dx_j \otimes 1 - dy_j \otimes i$$

가 대응되는 섹션이다. 국소적으로 (p, q)형의 형식은

$$\omega = \sum_{I, J} a_{I, J} dz_I \wedge d\overline{z_J}$$

로 나타난다. 여기서 $I = (i_1, \cdots, i_p)$, $J = (j_1, \cdots, j_q)$는 다중지표(multi index)이다.

$$\partial_{p, q}\omega = \sum_{I, J}\sum_{\lambda} \frac{\partial a_{I, J}}{\partial z_\lambda} dz_\lambda \wedge dz_I \wedge d\overline{z}_J,$$

$$\overline{\partial}_{p, q}\omega = \sum_{I, J}\sum_{\lambda} \frac{\partial a_{I, J}}{\partial \overline{z}_\lambda} d\overline{z}_\lambda \wedge dz_I \wedge d\overline{z}_J$$

이고, 여기서

$$\frac{\partial}{\partial z_\lambda} = \frac{1}{2}\left(\frac{\partial}{\partial x_\lambda}\otimes 1 - \frac{\partial}{\partial y_\lambda}\otimes i\right),$$

$$\frac{\partial}{\partial \bar{z}_\lambda} = \frac{1}{2}\left(\frac{\partial}{\partial x_\lambda}\otimes 1 + \frac{\partial}{\partial y_\lambda}\otimes i\right)$$

이다.

더욱이 $\Omega^{p,\,q}$에서 $d = \partial_{p,\,q} + \bar{\partial}_{p,\,q}$이다.

앞으로 $\bar{\partial}_{0,\,q} \equiv \bar{\partial}_q$로 간략히 쓰자. 매끄러운 복소함수 $f: M \to \mathbb{C}$가 코시-리만방정식을 만족할 필요충분조건은 $\bar{\partial}_0(f) = 0$이다. 복소벡터공간들의 복체

$$\bar{\partial}: \cdots \xrightarrow{\bar{\partial}_{q-1}} \Omega^{0,\,q}(M) \xrightarrow{\bar{\partial}_q} \Omega^{0,\,q+1}(M) \xrightarrow{\overline{\partial_{q+1}}} \cdots$$

를 돌보복체(Dolbeault complex) 혹은 돌보연산자(Dolbeault operator)라 한다. 다음은 돌보복체 $\bar{\partial}$의 기호를 조사해 보자. 코탄젠트벡터 $\xi \in T^*M$는

$$\xi\otimes 1 = \xi^{1,\,0} + \xi^{0,\,1} \in T_c^* + \overline{T_c}^*$$

로 표시되고,

$$\xi^{1,\,0}(v) = \frac{1}{2}(\xi(v) - i\xi(iv)),\ \xi^{0,\,1}(v) = \frac{1}{2}(\xi(v) + i\xi(iv))$$

이다. 따라서 $\bar{\partial}$의 기호는

$$\sigma(x,\ \xi)(v) = \xi^{0,\,1}\wedge v$$

이다. 여기서 $v \in \Lambda^{0,\,q}T_x^*\otimes\mathbb{C}$, $x \in X$, $\xi \in T_x^*$이다. $\xi^{0,\,1} = 0$일 필요충분조건이 $\xi = 0$이고, 기호열

$$\cdots \xrightarrow{\xi^{0,1}\wedge} \Lambda^{0,q}T_x^* \otimes \mathbb{C} \xrightarrow{\xi^{0,1}\wedge} \Lambda^{0,q+1}T_x^* \otimes \mathbb{C} \xrightarrow{\xi^{0,1}} \cdots$$

은 $\xi \neq 0$이면 완전열이다.

따라서 돌보복체(Dolbeault complex)는 엘립틱(elliptic)이다.

아티야-싱어 지표정리에 의하여 돌보복체 $\bar{\partial}$에 대한 지표는

$$\mathrm{index}(\bar{\partial}) = \mathrm{ch}(\sigma(\bar{\partial})) \cdot \mathrm{td}(T^* M \otimes \mathbb{C})[T^* M]$$

이다.

❙정리 3.4.1❙ 돌보(Dolbeault)

M을 콤팩트복소다양체일 때, 각 p에 대하여 다음 복소벡터공간들은 동형이다.

$$\frac{\mathrm{Ker}(\bar{\partial}_p)}{\mathrm{Im}(\bar{\partial}_{p-1})} \cong H^p(M,\ \vartheta)$$

따라서 $\mathrm{index}(\bar{\partial}) = \sum_{i=0}^{n}(-1)^i \dim H^i(M,\ \vartheta)$이다. 특히 $H^0(M,\ \vartheta)$는 M상의 복소해석학적 함수들의 차원이다. 만일 M이 연결공간이면, 리우빌정리(Liouville theorem)에 의해 M상의 복소해석학적 함수는 상수함수뿐이므로, $\dim H^0(M,\ \vartheta)(=\mathbb{C}) = 1$이다.

지표공식의 우변을 계산해보자. 기호열(symbol sequence)은 $\sigma(\bar{\partial}) = \Sigma(-1)^i \Lambda^i \overline{T_c}^*$ 이고, 오일러클래스(Euler class)는 $e(T^*) = c_n(T_c^*)$이므로,

$$\begin{aligned}
&\mathrm{ch}(\sigma(\bar\partial))\cdot \mathrm{td}(T^*\otimes\mathbb{C})[T^*M]\\
&=(-1)^n\frac{\mathrm{ch}\left(\Sigma(-1)^i\Lambda^i\overline{T_c}^*\right)\cdot\mathrm{td}(T^*\otimes\mathbb{C})}{c_n(T_c^*)}[M]\\
&=(-1)^n\frac{\prod_{j=1}^n(1-e^{x_j})\cdot\prod_{j=1}^n\frac{x_j}{1-e^{-x_j}}\cdot\prod_{j=1}^n\frac{-x_j}{1-e^{x_j}}}{\prod_{j=1}^n x_j}[M]\\
&=\prod_{j=1}^n\frac{x_j}{1-e^{-x_j}}[M]\\
&=\mathrm{td}(T_c^*)[M]=\mathrm{td}(M)[M]
\end{aligned}$$

이다.

만일 $\Omega^{0,q}$ 대신 $\Omega^{0,q}(E)=C^\infty(\Lambda^{0,q}T^*\otimes E)$라 하면, $E\to M$는 복소해석학적 벡터번들이다. 복소해석학적 벡터번들 $E\to M$에 의해 꼬인 돌보복체는

$$\bar\partial(E):\ \cdots\to\Omega^{0,q}(T^*\otimes E)\xrightarrow{\bar\partial\otimes id}\Omega^{0,q+1}(T^*\otimes E)\to\cdots$$

이고 엘립틱이다. 지표공식의 좌변은

$$\begin{aligned}
\mathrm{index}(\bar\partial(E))&=\Sigma(-1)^i\dim H^i(M;\vartheta(M))\\
&=\chi(M,E)
\end{aligned}$$

이고, 우변은 위의 계산과 같이

$$\begin{aligned}
&\mathrm{ch}(\sigma(\bar\partial(E)))\cdot\mathrm{td}(T^*\otimes\mathbb{C})[T^*M]\\
&=\mathrm{ch}(E)\cdot\mathrm{ch}(\sigma(\bar\partial))\cdot\mathrm{td}(T^*\otimes\mathbb{C})[T^*M]\\
&=\mathrm{ch}(E)\cdot\mathrm{td}(M)[M]
\end{aligned}$$

이다.

▌정리 3.4.2▐ 힐저브루크-리만-록(Hirzebruch–Riemann–Roch)

M가 콤팩트 복소다양체이고 $E \to M$가 복소해석학적 벡터번들이면, 돌보복체 $\bar{\partial}(E)$의 지표는

$$\chi(M,\ E) = \mathrm{ch}(E) \cdot \mathrm{td}(M)[M]$$

이다.

만일 $\chi(M,\ E) = \dim H^0(M,\ \vartheta(E))$이면, 정리 3.4.2에 의하여 $E \to M$의 복소해석학적 섹션의 수는 M와 E의 천클래스에 의하여 표시된다.

예 3.4.3

Σ가 위수 g인 리만곡면이고 $E \to \Sigma$는 d차(degree) 복소해석학적 라인번들이라 하자. 정리 3.4.2에 의하여

$$\begin{aligned} X(\Sigma,\ E) &= \dim H^0(\Sigma,\ E) - \dim H^1(\Sigma,\ E) \\ &= \mathrm{ch}(E) \cdot \mathrm{td}(X)[\Sigma] \\ &= (1 + c_1(E))(1 + (1-g)h)[\Sigma] \\ &= (1 + dh)(1 + (1-g)h)[\Sigma] \\ &= (d + 1 - g)h[\Sigma] \\ &= d + 1 - g \end{aligned}$$

이다. 여기서 h는 $H^2(\Sigma,\ \mathbb{Z})$의 생성원이다.

3.5 시그니춰 정리(Signature Theorem)

방향을 갖는 n차원 콤팩트 리만다양체 M의 코탄젠트번들(cotangent bundle)을 $T^*M \equiv T^*$라 하자. 리만구조(Riemannian structure)의 방향을 유지하는 등거리변환 호지스타연산자(Hodge star operator)

$$* : \Lambda^p T^* \to \Lambda^{n-p} T^*$$

가 다음과 같이 정의된다. $\{e_1, \cdots, e_n\}$이 순서정규직교기저(ordered othonormal basis)일 때 순환 $\sigma : \{1, \cdots, n\} \to \{1, \cdots, n\}$의 부분을 $I = \{\sigma_1, \cdots, \sigma_i\}$, $J = \{\sigma_{i+1}, \cdots, \sigma_n\}$이라 하면

$$* e_I = (-1)^\sigma e_J$$

로 정의된다.

여기서 $(-1)^\sigma = \begin{bmatrix} 1 & \sigma\text{이 짝수개 호환의 곱,} \\ -1 & \sigma\text{이 홀수개 호환의 곱.} \end{bmatrix}$ 이다. 또한

$$* : \Lambda^p T \otimes \mathbb{C} \to \Lambda^{n-p} T \otimes \mathbb{C}$$

로 자연스럽게 선형으로 확장된다. 복소값을 갖는 스므스 p형식의 집합 Ω^p, $p = 0, 1, \cdots$ 에서 호지내적(Hodge inner product)은 양의 한정형식(positive definite form)

$$\langle \alpha, \beta \rangle = \int_X \alpha \wedge * \overline{\beta}, \ \alpha, \beta \in \Omega^p(M)$$

이다. 호지내적에 대해 외미분(exterior derivative) $d_p : \Omega^p(M) \to \Omega^{p+1}(M)$은 유일한 어드조인트연산자(adjoint operator)

$$\delta_{p+1} : \Omega^{p+1}(M) \to \Omega^{p}(M),$$

$$\langle d_p \alpha, \beta \rangle = \langle \alpha, \delta_{p+1}\beta \rangle, \ \alpha \in \Omega^p(M), \ \beta \in \Omega^{p+1}(M)$$

로 정의된다. 이때 $\delta_p = (-1)^{np+n+1} * d *$이다.

예 3.5.1

$\mathbb{R}^3$에서 $\{dx, dy, dz\}$를 순서정규직교기저라 하면,

$$\begin{aligned}\delta(adx) &= - * d(ady \wedge dz) \\ &= - * \frac{\partial a}{\partial x} dx \wedge dy \wedge dz \\ &= - \frac{\partial a}{\partial x}\end{aligned}$$

이다. 따라서

$$\delta(adx + bdy + cdz) = -\left(\frac{\partial a}{\partial x} + \frac{\partial b}{\partial y} + \frac{\partial c}{\partial z}\right)$$

이다. 만일 v가 $\mathbb{R}^3$ 내에 벡터장이고 w를 대응되는 1-폼이라 하면

$$\delta w = -\operatorname{div} v,$$
$$\delta(* w) = \operatorname{curl} v$$

이다.

Ω^0에서 라플라스연산자 $\Delta = \delta d = -\Sigma \frac{\partial^2}{\partial x_i^2}$를 확장하여

$$\Delta : \Omega^p \to \Omega^p, \ \Delta = \delta d + d\delta$$

로 정의한다. 라플라스연산자 Δ는 M상의 2차 선형편미분연산

자이다. 방정식 $\Delta w = 0$의 해를 하모닉폼(harmonic form)이라 한다.

| 정리 3.5.2 | 호지(Hodge)

M가 방향을 갖는 n차원 콤팩트 리만다양체이고

$$\mathbb{H}^p(M) = \{ w \in \Omega^p \mid \Delta w = 0 \}$$

을 하모닉 p폼(harmonic p-form)의 집합이라 하면,

$$\Omega^p = d(\Omega^{p-1}) \oplus \delta(\Omega^{p+1}) \oplus \mathbb{H}^p(M)$$

로 직교합으로 표시된다.

호지정리에 의하여 드람 코호몰로지클래스는 유일한 하모닉폼을 포함하고 있다. Ω^0에서 $\Delta = -\sum \frac{\partial^2}{\partial x_i^2}$이므로 $\Delta : \Omega^p \to \Omega^p$의 국소기호는 $\sigma(x, \xi) = -|\xi|^2$이다.

따라서 라플라스연산자는 엘립틱연산자이다. 그러나 Δ는 셀프어드조인트연산자(self-adjoint operator)

$$\langle \Delta\alpha, \beta \rangle = \langle \alpha, \Delta\beta \rangle$$

$\Delta = \Delta^*$이고 $\mathrm{Ker}(\Delta) = \mathrm{Coker}(\Delta)$이므로, $\mathrm{index}(\Delta) = 0$이다. 또한 $\mathrm{ch}(\sigma(\Delta)) = 0$임을 알 수 있다. 라플라스연산자의 이중근에 해당하는 1차 선형연산자 $D = d + \delta : \Omega^* \to \Omega^*$를 생각하자. $D^2 = \Delta$이다. 연산자의 곱에 대한 기호는 연산자의 기호에 대한 곱과 같으므로 연산자 D는 엘립틱이다. 또한 D도 셀프어드조인트 연산자이므로 $\mathrm{index}(D) = 0$이다. 그러나 자세히 관찰하면 라플라

스연산자 Δ와는 다르다. 즉 정의역과 치역을 다시 분리할 수 있음을 아래에서 연구하자. $D=d+\delta$의 기호는 $(x,\ \xi)\in T_x^*$에서

$$\sigma(x,\ \xi)(v)=\xi\wedge v-\xi\ \rfloor v$$

여기서 $\xi\ \rfloor$는 ξ에 의한 축약(contraction)을 의미한다. 다시 말하면 $\xi\wedge$의 어드조인트연산자이다. 첫째, $\Omega^*=\Omega^{\mathrm{ev}}\oplus\Omega^{\mathrm{odd}}$를 짝수 차수의 폼 Ω^{ev}와 홀수 차수의 폼 Ω^{odd}로 분리하고, D의 Ω^{ev}에 제한을 D^{ev}라 하면

$$D^{\mathrm{ev}}:\ \Omega^{\mathrm{ev}}\to\Omega^{\mathrm{odd}}$$

이고, $\mathrm{Ker}\,D=\mathrm{Ker}\,\Delta$이므로 $\mathrm{index}\,D^{\mathrm{ev}}=\chi(M)$이다.

다음으로 $n=\dim M(=2l)$이 짝수라 하자.

호지스타연산자(Hodge star-operator)

$$*:\ \Lambda^p=\Lambda^p T^*\otimes\mathbb{C}\to\Lambda^{n-p},\quad *^2 w=(-1)^p w$$

는 거의 인볼루션(almost involution)이다. 만일

$$\tau=i^{p(p-1)+l}*:\ \Lambda^p\to\Lambda^{n-p}$$

라 하면, $\tau^2 w=w$이므로 τ는 대합이다.

또한 $\tau:\ \Lambda^*\to\Lambda^*$도 인볼루션(involution)이다. 따라서 $\Lambda^*=\Lambda^+\oplus\Lambda^-$은 τ의 $+1$ 고유공간과 -1 고유공간으로 분리된다.

또한 $\tau D=-D\tau$이므로 D의 제한은

$$D^+:\ \Omega^+\to\Omega^-,\ D^-:\ \Omega^-\to\Omega^+$$

가 되며, 서로 어드조인트(adjoint)이다. 이때 $D^+:\ \Omega^+\to\Omega^-$를 호지연산자(Hodge operator)라 한다. D^+의 국소기호 $\sigma(x,\ \xi):\ \Lambda^+\to\Lambda^-$는 D의 기호를 Λ^+에 제한이고, Λ^+와 Λ^-는 같은 차

원의 벡터공간이므로, $\xi \neq 0$이면 $\sigma(x, \xi)$는 동형이다. 따라서 호지 연산자 D^+는 엘립틱연산자이다. D^+에 대한 지표정리를 사용하면

$$\text{index}(D^+) = \text{ch}(\sigma(D^+)) \cdot \text{td}(T^* \otimes \mathbb{C})[T^*]$$

이다. 그리고 $\tau D = -D\tau$이므로 $\tau: \text{Ker}(D) \to \text{Ker}(D)$이다.

만일 $D^2 w = 0$이면 $0 = \langle D^2 w, w \rangle = \langle Dw, Dw \rangle$이므로 $Dw = 0$이다. 따라서 $\text{Ker}(D) = \text{Ker}(\triangle)$이다. 호지정리에 의하여

$$\tau: H^* \equiv H^*_{dR}(X) \otimes \mathbb{C} \to H^*$$

는 인볼루션이다. 따라서 $H^* = V^+ \oplus V^-$로 분리된다. 여기서 $V^\pm$는 τ의 ±1 고유공간이다.

$$\text{Ker}(D^+) = V^+ \cap H^l \oplus V^+ \cap \sum_{0 \le p < l} (H^p \oplus H^{n-p})$$

$$\text{Ker}(D^-) = V^- \cap H^l \oplus V^- \cap \sum_{0 \le p < l} (H^p \oplus H^{n-p})$$

여기서 대응

$$V^+ \cap \sum_{0 \le p < l} (H^p \oplus H^{n-p}) \to V^- \cap \sum_{0 \le p < l} (H^p \oplus H^{n-p})$$

$$x + \tau(x) \mapsto x - \tau(x)$$

은 동형이다. $V^+ \cap H^l \equiv H^+$, $V^- \cap H^l \equiv H^-$라 하자.

$$\begin{aligned} \text{index}(D^+) &= \dim \text{Ker}(D^+) - \dim \text{Coker}(D^+) \\ &= \dim \text{Ker}(D^+) - \dim \text{Ker}(D^-) \\ &= \dim H^+ - \dim H^- \end{aligned}$$

만일 l이 홀수이면 $\tau = (i)^{l(l-1)+l} * = \pm i *$이고 $*^2 = -I$이다. $*$는 $H^l \otimes \mathbb{C}$에서 실변환이다. 따라서 $*$(혹은 τ)의 고유공간들

은 서로 켤레이다.

구체적인 대응은

$$a\otimes 1-* a\otimes i \ \leftrightarrow \ a\otimes 1+* a\otimes i$$

이다. 따라서 $\dim H^{+}=\dim H^{-}$이고 $\mathrm{index}(D^{+})=0$이다.

만일 l이 짝수이면 $H^{l}\otimes\mathbb{C}$에서 $\tau=(i)^{l(l-1)+l} *=*$ 이다.

H^{+}의 원소 $\alpha\neq 0$에 대하여

$$\int_{M}\alpha\wedge\overline{\alpha}=\int_{M}\alpha\wedge *\overline{\alpha}=\langle\alpha,\alpha\rangle>0$$

이고, H^{-}의 원소 $\alpha\neq 0$에 대하여

$$\int_{M}\alpha\wedge\overline{\alpha}=-\int_{M}\alpha\wedge *\overline{\alpha}=-\langle\alpha,\alpha\rangle<0$$

이다. 겹선형폼(bilinear form) $B: H^{l}\otimes\mathbb{C}\oplus H^{l}\otimes\mathbb{C}\to\mathbb{Z}$

$$B(\alpha,\beta)=\int_{M}\alpha\wedge\overline{\beta}$$

은 H^{+}에서 양의 한정(positive definite)이고 H^{-}에서 음의 한정(negative definite)이다. 따라서 $\mathrm{index}(D^{+})=\mathrm{sign}(B)$이다. 드람정리에 의하여, 드람 코호몰로지와 실계수의 특이코호몰로지는 같으므로, 겹선형형식은

$$B: H_{dR}^{l}\times H_{dR}^{l}\to\mathbb{Z},\ B(\alpha,\beta)=(\alpha\cup\beta)[M]$$

로 정의되며 B의 시그니처(signature)를 M의 시그니처라 부르고 $\mathrm{sign}(M)$로 나타낸다.

▌정리 3.5.3▐ M이 방향을 갖는 $4k$차원 콤팩트 리만다양체이면, 호지연산자의 지표는 M의 시그니처와 같다. 즉,

$$\text{index}(D^+) = \text{sign}(M)$$

이다.

예 3.5.4

복소사영평면 $\mathbb{CP}^2$의 코호몰로지는

$$H^*(\mathbb{CP}^2; \mathbb{R}) = \mathbb{R}[\alpha] / \{\alpha^3 = 0\}$$

이다. $H^2(\mathbb{CP}^2; \mathbb{R}) = \mathbb{R}\alpha$이고 $\alpha^2[\mathbb{CP}^2] = 1$이므로, $\text{sign}(\mathbb{CP}^2) = 1$이다.

8차원 다양체 $M \equiv \mathbb{CP}^2 \times \mathbb{CP}^2$의 코호몰로지

$$H^*(M, \mathbb{R}) = \frac{\mathbb{R}[\alpha \times 1,\ 1 \times \alpha]}{\{\alpha^3 = 0\}}$$

이다.

코호몰로지에서

$$(\alpha \times \beta) \cup (\alpha' \times \beta') = (\alpha \cup \alpha') \times (\beta \cup \beta')$$

인 관계를 만족한다. $H^4(M, \mathbb{R})$의 기저는 $\{\alpha^2 \times 1,\ \alpha \times \alpha,\ 1 \times \alpha^2\}$이고 겹선형형식 $B = \begin{pmatrix} 0 & 0 & 1 \\ 0 & 1 & 0 \\ 1 & 0 & 0 \end{pmatrix}$이고 이것을 대각화(diagonalization)하면 $\begin{pmatrix} 1 & 0 & 0 \\ 0 & 1 & 0 \\ 0 & 0 & -1 \end{pmatrix}$이다.

따라서 $\text{sign}(\mathbb{CP}^2 \times \mathbb{CP}^2) = 1$이다.

같은 방법으로 n, n'가 음이 아닌 정수일 때, $\text{sign}(\mathbb{CP}^{2n} \times \mathbb{CP}^{2n'}) = 1$임을 알 수 있다. ■

다음은 $\mathrm{index}(D^+) = \mathrm{sign}(M)$에서 우변을 특성클래스로 표시해 보자. n이 짝수일 때 특수직교군 $SO(n)$의 분류공간의 오일러클래스는 0이 아니고, 모든 n차 벡터번들의 오일러클래스는 분류공간의 오일러클래스의 당김(pull-back)이므로, 오일러클래스가 0이 아니라고 가정하고 지표공식에서 사용할 수 있다.

$$\mathrm{index}(D^+) = (-1)^l \frac{\mathrm{ch}(\Lambda^+ - \Lambda^-) \cdot \mathrm{td}(T \otimes \mathbb{C})}{e(T)} [M]$$

우변을 구체적으로 알아보기 위해서 번들의 대수적 성질을 알아보자. V', W'를 짝수 차원의 방향을 갖는 실벡터번들이라고 하고, 이들의 복소화를 $V = V' \otimes \mathbb{C}$, $W = W' \otimes \mathbb{C}$라 하자. 그러면

$$\Lambda^+(V \oplus W) = \Lambda^+(V) \otimes \Lambda^+(W) \oplus \Lambda^-(V) \otimes \Lambda^-(W)$$

$$\Lambda^-(V \oplus W) = \Lambda^+(V) \otimes \Lambda^-(W) \oplus \Lambda^-(V) \otimes \Lambda^+(W)$$

이고, 따라서

$$(\Lambda^+ - \Lambda^-)(V \oplus W) = (\Lambda^+ - \Lambda^-)(V) \oplus (\Lambda^+ - \Lambda^-)(W)$$

이다.

벡터번들의 분리의 원리에 따라 $T = P_1 \oplus \cdots \oplus P_l$ 복소라인번들로 분리된다고 가정하자. 여기서 P_i는 방향을 갖는 실평면번들이다. 따라서

$$\mathrm{ch}(\Lambda^+ - \Lambda^-)(T \otimes \mathbb{C}) = \prod_{i=1}^{l} \mathrm{ch}(\Lambda^+ - \Lambda^-)(P_i \otimes \mathbb{C})$$

이다. 각 점 $x \in M$에서 평면번들 P의 파이버(fiber) P_x의 정규직교 순서기저를 $\{e_1, e_2\}$라 하자. $\Lambda^* P_x$의 기저는 $\{1, e_1, e_2, e_1 \wedge e_2\}$이다. 이때

$$\tau = i^{p(p-1)+1} * \ : \ \Lambda^* P_x \otimes \mathbb{C} \to \Lambda^* P_x \otimes \mathbb{C},$$

$$\tau(1) = ie_1 \wedge e_2, \qquad \tau(e_1) = ie_2,$$

$$\tau(e_2) = -ie_1, \qquad \tau(e_1 \wedge e_2) = -i$$

이다. 그리고 $\Lambda^+ P_x \otimes \mathbb{C}$의 기저는 $\{1 + e_1 \wedge e_2 \otimes i,\ e_1 \otimes 1 + e_2 \otimes i\}$ 이고, $\Lambda^- P_x \otimes \mathbb{C}$의 기저는 $\{1 - e_1 \wedge e_2 \otimes i,\ e_1 \otimes 1 - e_2 \otimes i\}$이다.

L을 실평면번들 P로부터 정의된 복소선번들이라 하자.
다음 대응

$$\Lambda^+ P_x \otimes \mathbb{C} \to 1 \oplus \overline{L_x} \ :$$

$$1 + e_1 \wedge e_2 \otimes i \mapsto 1,\ e_1 + e_2 \otimes i \mapsto e_1 + ie_2$$

이 복소벡터번들의 동형 $\Lambda^+ P \otimes \mathbb{C} \cong 1 \oplus \overline{L}$을 유도하고, 같은 방법으로 동형 $\Lambda^- P \otimes \mathbb{C} \cong 1 \oplus L$을 유도한다. 따라서 천캐랙터 (Chern character)은

$$\mathrm{ch}(\Lambda^+ P \otimes \mathbb{C} - \Lambda^- P \otimes \mathbb{C}) = (e^{-x} - e^x)(L)$$

이 되고, $\mathrm{ch}(\Lambda^+ P \otimes \mathbb{C} - \Lambda^- P \otimes \mathbb{C}) = \prod_{i=1}^{l} (e^{-x} - e^x)$이다.

만일 $x_i = x_i(T \otimes \mathbb{C})$를 i번째 천루트(Chern root)이라 하면

$$(-1)^l \frac{\mathrm{ch}(\Lambda^+ - \Lambda^-) \cdot \mathrm{td}(T \otimes \mathbb{C})}{e(T)} [M]$$

$$= (-1)^l \frac{\prod_{i=1}^{l} (e^{-x_i} - e^{x_i}) \prod_{i=1}^{l} x_i \prod_{i=1}^{l} (-x_i)}{\prod_{i=1}^{l} x_i \prod_{i=1}^{l} (1 - e^{-x_i}) \prod_{i=1}^{l} (1 - e^{x_i})} [M]$$

$$= \prod_{i=1}^{l} \frac{x_i(e^{-x_i} - e^{x_i})}{(1-e^{x_i})(1-e^{-x_i})}[M]$$

$$= 2^l \prod_{i=1}^{l} \frac{\frac{x_i}{2}}{\frac{e^{\frac{x_i}{2}} - e^{-\frac{x_i}{2}}}{e^{\frac{x_i}{2}} + e^{-\frac{x_i}{2}}}}[M]$$

$$= 2^l \prod_{i=1}^{l} \frac{\frac{x_i}{2}}{\tanh \frac{x_i}{2}}[M]$$

$$= \prod_{i=1}^{l} \frac{x_i}{\tanh x_i}[M]$$

이다. 여기서 $\frac{x}{\tanh x}$는 우함수이므로 $\prod_{i=1}^{l} \frac{x_i}{\tanh x_i}$는 TM의 폰트랴긴클래스의 다항식이다.

예 3.5.5

M가 4차원 다양체일 때

$$\begin{aligned} \frac{x_1}{\tanh x_1} \cdot \frac{x_2}{\tanh x_2} &= \left(1 - \frac{x_1^2}{3}\right)\left(1 - \frac{x_2^2}{3}\right) \\ &= 1 - \frac{1}{3}(x_1^2 + x_2^2) \\ &= 1 + \frac{1}{3}p_1 \end{aligned}$$

이고, M의 시그니처(signature) $\mathrm{sign}(M) = \frac{1}{3}p_1[M]$이다.

M가 6차원 다양체일 때

$$\prod_1^3 \frac{x_i}{\tanh x_i} = 1 + \frac{1}{3}p_1$$

이고, $\mathrm{sign}(M) = 0$이다.

일반적으로

$$\prod_{i=1}^{l} \frac{x_i}{\tanh x_i}$$

$$= \sum_{j=0}^{[\frac{l}{2}]} L_j(p_1, \cdots, p_j)$$

$$= L_0 + L_1(p_1) + L_2(p_1, p_2) + \cdots + L_{[\frac{n}{4}]}\left(p_1, p_2, \cdots, p_{[\frac{n}{4}]}\right)$$

라고 두자. 몇 개만 구해보면,

$$L_0 = 1,$$

$$L_1 = \frac{1}{3}p_1,$$

$$L_2 = \frac{1}{45}(7p_2 - p_1^2),$$

$$L_3 = \frac{1}{945}(62p_3 - 13p_1p_2 + 2p_1^3),$$

$$L_4 = \frac{1}{14175}(381p_4 - 71p_3p_1 - 19p_2^2 + 22p_2p_1^2 - 3p_1^4)$$

이다.

따라서 M의 차원 n이 4의 배수인 $n = 4k$일 때,

$$\text{index}(D^+) = \text{sign}(M)$$

이다. ■

| 정리 3.5.6 | 힐저브루크 시그니처 정리 (Hirzebruch Signature Theorem)

M이 매끄러운 방향을 갖는 $4k$차원 콤팩트 다양체이면

$$\text{sign}(M) = L_k(p)[M]$$

이다.

예 3.5.7

$k=1$일 때 $\text{sign}(M) = \frac{1}{3}p_1[M]$이다. $M = \mathbb{CP}^2$이면

$$p_1(T\mathbb{CP}^2) = -c_2(T \oplus \overline{T}) = c_1(T)^2 - 2c_2(T) = 3\alpha^2$$

이고, 여기서 α는 $H^2\mathbb{CP}^2$의 생성원이다. 그리고 $\text{sign}(\mathbb{CP}^2) = 1$이다.

$M = \mathbb{CP}^2 \times \mathbb{CP}^2$이면

$$\begin{aligned} p(TM) &= p(T\mathbb{CP}^2) \times p(T\mathbb{CP}^2) \\ &= (1 + 3\alpha^2 \times 1)(1 + 1 \times 3\alpha^2) \\ &= 1 + 3(\alpha^2 \times 1 + 1 \times \alpha^2) + 9(\alpha^2 \times \alpha^2) \end{aligned}$$

이며, $p_1^2 = 18(\alpha^2 \times \alpha^2)$이고 $p_2 = 9(\alpha^2 \times \alpha^2)$이다. 따라서

$$\text{sign}(\mathbb{CP}^2 \times \mathbb{CP}^2) = \frac{1}{45}(7 \times 9 - 18)(\alpha^2 \times \alpha^2)[\mathbb{CP}^2 \times \mathbb{CP}^2] = 1$$

이다.

만일 $M = \mathbb{CP}^4$이면 $p_i(T) = (-1)^i c_{2i}(T \otimes \mathbb{C})$이고,

$$\begin{aligned} 1 - p_1 + p_2 - p_3 + \cdots &= (1 - c_1 + c_2 - \cdots)(1 + c_1 + c_2 + \cdots) \\ &= (1-\alpha)^5 (1+\alpha)^5 \\ &= (1-\alpha^2)^5 \end{aligned}$$

이므로, $p(T\mathbb{CP}^4) = 1 + 5\alpha^2 + 10\alpha^4$이고

$$\text{sign}(\mathbb{CP}^4) = \frac{1}{45}(7 \times 10 - 25)\alpha^4 [\mathbb{CP}^4] = 1$$

이다. ■

CHAPTER 04 리만다양체(Riemannian Manifolds)

미분다양체는 메트릭(metric)을 갖는다. 메트릭을 갖은 미분다양체를 **리만다양체**(Riemannian manifold)라 한다(정의 4.2.1).

본 장에서는 리만기하학에 필요한 기본적인 정의와 정리를 소개한다.

4.1 공변미분(Covariant Derivative)

미분다양체 M의 각 점 $p \in M$에 탄젠트벡타 $X_p \in T_pM$ 대응시키는 맵 $X : M \to TM,\ p \mapsto X_p$을 **벡타장**(vector field)라 한다. 벡터장의 집합을 $\Gamma(TX)$로 나타내자.

❙정의 4.1.1❙

(1) 맵 $\nabla : T_pM \times \Gamma(TM) \to T_pM,$

$$(X_p,\ Y) \mapsto \nabla_{X_p} Y$$

이 (i) ∇이 X_p와 Y에서 선형이고,

(ii) $\nabla_{X_p}(fY) = X_p(f)\,Y_p + f(p)\nabla_{X_p}Y,\ f : M \to \mathbb{R},$

를 만족할 때 $\nabla_{X_p}Y$를 벡타장 Y의 벡타 X_p 방향으로 **공변미분**(covariant derivative)라 한다.

(2) 맵 $\nabla : \Gamma(TM) \times \Gamma(TM) \to \Gamma(TM),$

$$(X,\ Y) \mapsto \nabla_X Y$$

가 (i) $(\nabla_X Y)(p) = \nabla_{X_p} Y$,

(ii) $\nabla_X Y$가 X와 Y에서 선형이고,

(iii) $\nabla_{fX} Y = f \nabla_X Y, \ f : M \to \mathbb{R}$,

(iv) $\nabla_X fY = X(f)Y + f \nabla_X Y$

를 만족할 때 ∇를 **콘넥션**(connection)이라 한다.

n-차원 미분다양체 M의 좌표근방을 U라 하고, U의 좌표를 $u_1, \cdots, u_n$라 하고, 벡타장 $\partial_k = \dfrac{\partial}{\partial u_k}$, $k = 1, \cdots, n$라 하자.

U상의 벡타장은

$$X = \sum_{i=1}^{n} x_i \partial_i$$

이고

$$\nabla_{\partial_i} \partial_j := \sum_{k=1}^{n} \Gamma_{ij}^k \partial_k$$

로 표현된다. 여기서 x_i, $\Gamma_{ij}^k : U \to \mathbb{R}$, $i, j, k = 1, \cdots, n$은 스므스 맵이다.

U상의 벡타장

$$X = \sum_{i=1}^{n} x_i \partial_i, \quad Y = \sum_{j=1}^{n} y_j \partial_j$$

에 대하여 공변미분은

$$(*) \quad \nabla_X Y = \sum_k \left(\sum_i x_i y_i^k \right) \partial_k,$$

$$y_i^k = \partial_i y_k + \sum_{j=1}^{n} \Gamma_{ij}^k y_j$$

이 된다.

U상에서 n^3개의 맵 $\Gamma_{ij}^k : U \to \mathbb{R},\ i, j, k = 1, \cdots, n$으로 공변미분 ∇를 (＊)로 정의하면 ∇는 공변미분의 정의를 만족한다. 공변미분 ∇를 결정하는 맵 Γ_{ij}^k를 **크리스토펠심볼**(Christoffel symbol)이라고 한다.

| 정의 4.1.2 | 리만다양체 M이 콘넥션 ∇를 가졌다고 하자.

(1) 스므스 커브 $r : (a, b) \to M$가 $\nabla_{\frac{dr}{dt}} \frac{dr}{dt} = 0$일 때,

커브 r를 **측지선**(geodesic)이라 한다.

(2) M이 **측지적완비**(geodesically complete)란 M의 모든 점 p와 모든 방향 $v \in T_pM$에 대하여

측지선 $r : \mathbb{R} \to M,\ r(0) = p,\ r'(0) = v$

이 존재함이다. ■

정의 4.1.2를 이해하기 위하여 측지선에 대하여 알아보자.

커브 $r : (a, b) \to M$이 측지선이라 하자.

$r(t) = (u_1(t), \cdots, u_n(t)),\ t \in (a, b)$라 두면

$$\frac{dr(t)}{dt} = \sum_{i=1}^{n} \frac{du_i(t)}{dt} \partial_t$$

이고

$$\nabla_{r'(t)} r'(t) = \sum_{k=1}^{n} \left[\frac{d^2 u_k}{dt^2} + \sum_{i,j=1}^{n} \Gamma_{ij}^k (u_1, \cdots, u_n) \frac{du_i}{dt} \frac{du_j}{dt} \right] \partial_k = 0$$

이므로, 다음과 같은,

$$\frac{d^2u_k}{dt^2}+\sum_{i,j=1}^{n}\Gamma_{ij}^{k}(u_1,\cdots,u_n)\frac{du_i}{dt}\frac{du_j}{dt}=0,\ k=1,\cdots,n,$$

측지선 미분방정식(differential equations of geodesic)을 얻는다.

미분방정식의 해의 존재정리에 의하여 각 점 $p\in M$과 작은 탄젠트벡타 $v\in T_pM$이 주어지면 유일한 측지선

$$r:[0,1]\to M,\ r(0)=p,\ r'(0)=v$$

이 존재한다.

이때 $r(1):=\exp_p(v)$라고 두면, 측지선은

$$r(t)=\exp_p(tv)$$

가 된다.

| 정리 4.1.3 | 호프-리노정리(Hopf–Rinow Theorem)

연결 미분다양체가 측지적 완비이면 임의의 두 점을 길이가 최소측지선(minimal geodesic)으로 연결할 수 있다.
여기서 최소는 곡선의 길이 중 최소를 의미한다. ■

주의 (1) 유클리트공간 $\mathbb{R}^n$과 콤팩트 미분다양체 X는 측지적완비이지만, $\mathbb{R}^n-\{점\}$과 $X-\{점\}$은 측지적완비가 아니다.
(2) 공변미분과 콘넥션을 혼용하여 사용하였다.

예 4.1.4

(1) 유클리트공간 $\mathbb{R}^n$에서 크리스펠심볼 $\Gamma_{ij}^k = 0$이고 공변미분 ∇은 미분 d와 같다.

측지선 $r(t) = (u(t), \cdots, u_n(t))$의 미분방정식은

$$\frac{d^2 u_k}{dt^2} = 0, \ k = 1, \cdots, n$$

이다. 만일 $r(0) = A = (a_1, \cdots, a_n)$이고

$r'(0) = B = (b_1, \cdots, b_n)$이면 $u_k(t) = a_k + b_k t, \ t \in \mathbb{R}$,

$k = 1, \cdots, n$이다.

따라서 측지선 $r(t) = A + Bt$이다.

즉 $\mathbb{R}^n$에서 측지선은 직선이다.

(2) n-차원 구 S^n의 측지선은 대원(great circle)이다.

즉, P를 $\mathbb{R}^{n+1}$에 원점을 지나는 평면이라 하면

$$c = S^n \cap P$$

이 대원이고,

$$I_p : S^n \to S^n$$

을 P에 대한 대칭맵이라 하면 I_p는 등거리변환(isometric transformation)이고 고정점의 집합은 c이다. 호프-리노정리에 의하여 c상의 임의의 두 점을 잇는 측지선은 c 자신이다.

(3) 회전면(surface of revolution)상의 경선(meridian)은 측지선이다.

4.2 곡률(Curvature)

❙ 정의 4.2.1 ❙

(1) k-차원 미분다양체 M상의 **리만메트릭**(Riemannian metric) g는 섹션 $g : M \to (TM \otimes TM)^*$이며, 각 점 $p \in M$에 대하여 $g_p : T_pM \otimes T_pM \to \mathbb{R}$가 벡타공간 T_pM에서 내적이다.

(2) 미분다양체 M이 리만메트릭 g를 가질 때 (M, g)를 **리만다양체**(Riemannian manifold)라 한다.

M상의 리만메트릭을 $g = \langle\ ,\ \rangle$ 그리고 p점에서 $g_p = \langle\ ,\ \rangle_p$ 내적기호로 나타내기도 한다.

k-차원 미분다양체 M은 리만메트릭을 갖는다. 즉, M의 좌표근방계 $\{U_\alpha, \varphi_\alpha\}$와 단위분할 $\{u_\alpha, \rho_\alpha\}$을 이용하면 $g = \sum_\alpha \rho_\alpha g_\alpha$, $g_\alpha = \varphi_\alpha^* h$, h는 $\mathbb{R}^k$의 내적으로 구성된다.

❙ 정의 4.2.2 ❙

(1) 리만다양체 M의 메트릭 $\langle\ ,\ \rangle$과 콘넥션 ∇이 **양립**(compatible)한다란 임의의 벡타장 X, Y, Z에 대하여 등식

$$X\langle Y, Z\rangle = \langle \nabla_X Y, Z\rangle + \langle Y, \nabla_X Z\rangle$$

을 만족할 때이다.

(2) 콘넥션 ∇이 **대칭**(symmetric) 혹은 **토존프리**(torsion free)란 임의의 벡타장 X, Y에 대하여 등식

$$\nabla_X Y - \nabla_Y X = [X, Y]$$

을 성립할 때이다.

(2)에서 **토존텐서**(torsion tensor)는

$$T(X, Y) := \nabla_X Y - \nabla_Y X - [X, Y]$$

로 정의한다. 따라서

$$\nabla \text{이 토존프리} \Leftrightarrow T = 0 \Leftrightarrow \Gamma_{ij}^k = \Gamma_{ji}^k \Leftrightarrow \nabla \text{이 대칭}$$

이다.

❙ 정리 4.2.3 ❙ 미분기하학의 기본정리(Fundamental Theorem of Riemmanian Geometry)

리만다양체 (M, g)는 유일한 양립 토존프리 콘넥션 ∇을 갖는다.

(대략증명) 콘넥션 ∇는 n^3개의 맵, 크리스토펠심볼 Γ_{ij}^k에 의하여 결정된다.

$g_{ij} = \langle \partial_i, \partial_j \rangle$라고 두면, 토존프리 조건 $\Gamma_{ij}^k = \Gamma_{ji}^k$와 ∇와 g의 양립 조건을 사용하면, 크리스토펠심볼은, 모든 $i, j, k \in \{1, \cdots, n\}$에 대하여,

$$\Gamma_{ij}^l = \frac{1}{2} \sum_k g^{lk} (\partial_i g_{jk} + \partial_j g_{ik} - \partial_k g_{ij})$$

로 유일하게 표현된다.

여기서 (g^{lk})는 (g_{lk})의 역행렬이다. ■

❙ 정의 4.2.4 ❙ 미분다양체 M상의 콘넥션 ∇의 **곡률텐서**(curvature tensor) R은 M의 벡타장 X, Y, Z에 대하여

$$R(X,\ Y)Z := \nabla_X(\nabla_Y Z) - \nabla_Y(\nabla_X Z) - \nabla_{[X,\ Y]} Z$$

로 정의한다.

즉, 곡률텐서 $R(X,\ Y)$는 $\nabla_X \nabla_Y$의 비대칭성을 측정한다.

곡률 $R(X,\ Y)Z$를 **텐서**(tensor)란 $X,\ Y,\ Z$에서 $C^\infty(M, \mathbb{R})$의 선형(linear)임을 의미한다.

❙ 정의 4.2.5 ❙ 리만다양체 $(M,\ g)$의 곡률텐서 R은 다음을 만족한다:

(1) $R(X,\ Y)Z + R(Y,\ X)Z = 0$,

(2) $R(X,\ Y)Z + R(Y,\ Z)X + R(Z,\ X)Y = 0$,

(3) $\langle R(X,\ Y)Z,\ W\rangle + \langle R(X,\ Y)W,\ Z\rangle = 0$,

(4) $\langle R(X,\ Y)Z,\ W\rangle = \langle R(Z,\ W)X,\ Y\rangle = 0$. ■

❙ 정의 4.2.6 ❙

(1) 리만다양체 $(M,\ g)$의 콘넥션 ∇에 대한 **리치텐서장**(Ricci tensor field) $\mathcal{R}$ 은

$$\mathcal{R} : \Gamma(TM) \times \Gamma(TM) \to \mathbb{R}$$

$$\mathcal{R}(X,\ Y) := \operatorname{tr} R(\ \bullet\ ,\ X)Y : \Gamma(TM) \to \Gamma(TM)$$

으로 정의한다.

(2) **리치곡률**(Ricci curvature) r은

$$r : TM \to \mathbb{R},\ r(X) := \frac{\mathcal{R}(X,\ X)}{\langle X,\ X\rangle}$$

로 정의한다.

(3) **스칼라곡률**(scalar curvature) s는

$$s : M \to \mathbb{R},\ s(p) := \sum_i R(e_i, e_i) = \sum_{i,j} \langle R(e_j, e_i)e_i, e_j \rangle$$

로 정의한다. 여기서 $\{e_i\}$는 T_pM의 직교정규기저이다.

4.3 주번들(Principal Bundles)

다양체 상에서 탄젠트번들, 코탄젠트번들, 그리고 벡타번들은 아래 정의할 주번들과 관련된번들(associated bundle)이다.

| 정의 4.3.1 |

(1) **리군**(Lie group) G는 다양체이며 군이다.

이때 군작용

$$G \times G \to G,\ (a, b) \mapsto a \cdot b,\ G \to G\ a \mapsto a^{-1}$$

은 스므스하다.

(2) 리군 G가 미분다양체 M상의 **작용**(action)은 준동형 맵

$$\phi : G \to \text{Diff}(M),\ g \mapsto \phi_g$$

이다. 즉, $\phi_e = I_G$, $\phi_{gh} = \phi_g \phi_h$이다.

(3) 벡타공간 V 상에 리군 G의 **표현**(representation)은 준동형

$$\phi : G \to GL(V)$$

이다.

예 4.3.2

(1) $(\mathbb{R}, +)$은 리군이다.

(2) $(S^1 = U(1) = SO(2), \ \bullet\ )$은 리군이다.

(3) $O(n) = \{A : \mathbb{R}^n \to \mathbb{R}^n \mid AA^* = I\}$은 리군이다.

(4) $SO(n) = \{A \in O(n) \mid \det A = 1\}$은 리군이다.

(5) $U(n) = \{A : \mathbb{C}^n \to \mathbb{C}^n \mid A\overline{A}^t = I\}$은 리군이다.

(6) $SU(n) = \{A \in U(n) \mid \det A = 1\}$은 리군이다.

(7) $GL(V) = \{A : V \to V \mid A$는 동형$\}$은 리군이다.

(8) X가 미분다양체 M의 완비벡타장(complete vector field)이면 $\phi : \mathbb{R} \to \mathrm{Diff}(M)$, $\phi(t) = \exp tX$는 M상의 작용이다.

(9) 작용 $\phi : G \to \mathrm{Symp}(M, \omega)$, $\phi^* \omega = \omega$을 **심플렉틱작용**(symplectic action)이라 한다.

(10) G 작용 $\phi : G \to \mathrm{Diff}(G)$, $\phi_g(a) = g\,a\,g^{-1}$에서 $d(\phi_g)_e := Ad_g : \mathscr{G} \to \mathscr{G}$ 라 하면

$$Ad : G \to GL(\mathscr{G}),\ g \mapsto Ad_g$$

는 $\mathscr{G}$상에 G의 **어드조인트표현**(adjoint representation)이다. 여기서 $\mathscr{G} := T_e G$는 G의 리대수(Lie algebra)이다.

G를 리군이라 하고 M을 다양체라 하자.

| 정의 4.3.3 | B상의 **주G-번들**(principal G-bundle)란 스므스맵 $\pi : P \to B$이 다음 조건을 만족하는 P이다.

(1) G가 P상에 자유작용(free action)한다.

즉, $gx = x$이면 $g = e$이다.

(2) $B = P/G$, $\pi(x) = G \cdot x$이다.

(3) B의 열린피복 $\{U\}$이 존재하고 각 $U \in \{U\}$에 대하여

$$\phi_U : \pi^{-1}(U) \to G \times U \text{와 } S_U : \pi^{-1}(U) \to G,$$

$$\phi_U(p) = (\pi(p),\ S_U(p)),\ S_U(gp) = g \cdot S_U(p),$$
$$\forall p \in \pi^{-1}(U),\ \forall g \in G$$

이 존재한다. ■

이때 (3)을 **국소자명화**(local trivialization)이라 한다.

B을 **기초공간**(base space), P를 **전공간**(total space), G를 **구조군**(structure group), π를 **사영맵**(projection map)이라 한다.

예 4.3.4

$P = S^3 = \left\{ (z_1, z_2) \in \mathbb{C}^2 \mid |z_1|^2 + |z_2|^2 = 1 \right\}$라 하고,

$G = S^1 = \left\{ e^{i\theta} \mid 0 \le \theta \le 2\pi \right\}$의 S^3상의 작용을

$$e^{i\theta}(z_1, z_2) = (e^{i\theta} z_1, e^{i\theta} z_2) \text{라 하면}$$

주 S^1-번들 $S^1 \to S^3 \xrightarrow{\pi} S^2$이 되고, 이를 **호프-파이브레이션**(Hopf fibration)이라 한다. ■

주 G-번들 $\pi : P \to B$에 대하여, 작용 $\phi : G \to \mathrm{Diff}(P)$은

맵 $T_e G = \mathscr{G} \to \Gamma(TP)$, $X \mapsto X^{\#}$을 유도한다.

여기서 $X^{\#}(p) = \left.\dfrac{d}{dt}\right|_{t=0} \exp(tX) \cdot p$, $p \in P$이다.

$\{X_1, \cdots, X_k\}$를 $\mathscr{G}$의 기저라 하자.

G가 P상에 자유작용이므로 각 점 $p \in P$에서 $\{X_1^{\#}, \cdots, X_k^{\#}\}$은 일차독립이고, $V = \langle X_1^{\#}, \cdots, X_k^{\#} \rangle \to P$는 **위수** k(rank k)인 벡타번들이 된다. 이때 V를 P의 **수직번들**(vertical bundle)이라 한다.

❙ 정의 4.3.5 ❙

(1) 주번들 P의 **콘넥션**(connection)은

$$TP = V \oplus H$$

인 G-불변 부분번들 H이다.

이때 번들 H를 **수평번들**(horizontal bundle)이라 한다.

여기서 G-불변(G-invariant)란 각 $g \in G$

$$\phi_g : P \to P,\ d\phi_g : T_p P \to T_{gp} P$$

에서 $d\phi_g(H_p) = H_{gp}$을 말한다.

(2) 주번들 P의 **콘넥션폼**(connection form)은 리대수값 갖는(Lie algebra valued) 1-폼(1-form)

$$A = \sum_{i=1}^{k} A_i \otimes X_i \in \Omega^1(P) \otimes \mathscr{G}$$

으로서 다음을 만족해야 한다.

(a) A가 G 불변이다.

여기서 G는 $\Omega^1(P)$에서는 P에 작용, $\mathscr{G}$에서는 Ad-작용이다.

(b) A는 수직(vertical)이다. 즉 $\iota_{X^\#} A = X$이다. ■

주어진 P상의 콘넥션, $TP = V \oplus H$에 대하여

$$T^* P = V^* \oplus H^*$$

$$\Lambda^2 T^* P = (\Lambda^2 V^*) \oplus (V^* \wedge H^*) \oplus \Lambda^2 H^*$$

이고

$$\Omega^1(P) = \Omega^1_{\mathrm{vert}}(P) \oplus \Omega^1_{\mathrm{horiz}}(P)$$

$$\Omega^2(P) = \Omega^2_{\mathrm{vert}}(P) \oplus \Omega^2_{\mathrm{mix}}(P) \oplus \Omega^2_{\mathrm{horiz}}(P)$$

이다.

콘넥션 폼 $A \in \Omega^1_{\mathrm{vert}}(P)$이고

$$dA \in \Omega^1(P) \otimes \mathscr{G} = (\Omega^2_{\mathrm{vert}}(P) \oplus \Omega^2_{\mathrm{mix}}(P) \oplus \Omega^2_{\mathrm{horiz}}(P)) \otimes \mathscr{G},$$

$$dA = (dA)_{\mathrm{vert}} + (dA)_{\mathrm{mix}} + (dA)_{\mathrm{horiz}}$$

| 정의 4.3.6 | 주 G-번들 P에서 콘넥션 1-폼 A의 **곡률폼**(curvature form)은 dA의 수평성분(horizontal component)이다. 즉

$$\mathrm{curv} A := (dA)_{\mathrm{horiz}} \in \Omega^2_{\mathrm{horiz}}(P) \otimes \mathscr{G}$$

이다.

CHAPTER 05

다양체의 코호몰로지 (Cohomologies of Manifolds)

5.1 외대수(Exterior Algebra)

미분다양체의 각 점에서 탄젠트공간과 코탄젠트공간은 벡타공간이며 이 공간들의 변화로 다양체의 기하학적 구조를 알 수 있다. 벡타공간의 교대텐서, 쐐기곱과 외대수에 대하여 알아보자.

| 정의 5.1.1 | n-차원 유클리트공간 $\mathbb{R}^n$에 대하여

(1) p-**텐서**(tensor)

$$T : \mathbb{R}^n \times \cdots \times \mathbb{R}^n \to \mathbb{R}$$

$$\begin{aligned} & T(v_1, \cdots, v_i + av_i', \cdots, v_p) \\ & = T(v_1, \cdots, v_i, \cdots, v_p) + a\,T(v_1, \cdots, v_i', \cdots, v_p), \\ & a \in \mathbb{R},\ v_i \in \mathbb{R}^n,\ i = 1, \cdots, p \end{aligned}$$

는 다중선형맵(multi linear map)이다.

$\mathbb{R}^n$상의 모든 p-텐서 집합을 $\bigotimes^p \mathbb{R}^{n*}$로 나타내자.

여기서 $\mathbb{R}^{n*}$는 $\mathbb{R}^n$의 듀알공간(dual space)라 한다.

(2) p-텐서 T의 두 변수의 자리를 바꾸면 부호가 바뀔 때

$$\begin{aligned} & T(v_1, \cdots, v_i, \cdots, v_j, \cdots, v_p) \\ & = - T(v_1, \cdots, v_j, \cdots, v_i, \cdots, v_p) \end{aligned}$$

T를 **교대텐서**(alternating tensor)라 한다.

순환군(permutation group)은

$S_p = \{\sigma \mid \sigma : \{1, \cdots, p\} \to \{1, \cdots, p\} : $ 전단사 $\}$이다.

만일 $\sigma \in S_p$이고, T는 교대 p-텐서이면

$$T(v_{\sigma(1)}, \cdots, v_{\sigma(p)}) = (-1)^\sigma T(v_1, \cdots, v_p)$$

이다. 여기서 $(-1)^\sigma = \begin{cases} 1 & \sigma\text{가 짝수개의 호환의 곱,} \\ -1 & \sigma\text{가 홀수개의 호환의 곱일 때.} \end{cases}$

$\mathbb{R}^n$상의 모든 교대 p-텐서의 집합을 $\Lambda^p \mathbb{R}^{n*}$로 나타내자.

$$\text{맵 Alt} : \bigotimes^p \mathbb{R}^{n*} \to \Lambda^P \mathbb{R}^{n*},$$

$$T \mapsto \text{Alt}(T) := \frac{1}{p!} \sum_{\sigma \in S_p} (-1)^\sigma T^\sigma$$

여기서 $T^\sigma(v_1, \cdots, v_p) := T(v_{\sigma(1)}, \cdots, v_{\sigma(p)})$로 정의한다.

(3) **쐐기곱**(Wedge product)

$$\wedge : \Lambda^p \mathbb{R}^{n*} \times \Lambda^q \mathbb{R}^{n*} \to \Lambda^{p+q} \mathbb{R}^{n*},$$

$$(S, T) \mapsto S \wedge T := \text{Alt}(S \otimes T)$$

로 정의한다.

| 주의 5.1.2 |

$\{e_1, \cdots, e_n\}$을 $\mathbb{R}^n$의 기저라 하고 $\{e_1^*, \cdots, e_n^*\}$을 $\mathbb{R}^{n*}$의 듀알기저라 하자.

(1) $\{e_{i_1}^* \otimes \cdots \otimes e_{i_p}^* \mid 1 \le i_1, \cdots, i_p \le n\}$은 $\bigotimes^p \mathbb{R}^{n*}$의 기저이고 차원은 $\dim\left(\bigotimes^p \mathbb{R}^{n*}\right) = n^p$이다.

(2) $\left\{e_{i_1}^* \wedge \cdots \wedge e_{i_p}^* \mid 1 \leq i_1 < \cdots < i_p \leq n\right\}$은 $\Lambda^p \mathbb{R}^n{}^*$의 기저이고 차원은 $\dim(\Lambda^p \mathbb{R}^{n*}) = {}_nC_p = \dfrac{n!}{p!(n-p)!}$이다.

(3) 만일 $\phi_1, \phi_2 \in \Lambda^1 \mathbb{R}^{n*} = \mathbb{R}^{n*}$이면

$$(\phi_1 \otimes \phi_2)(v_1, v_2) = \phi_1(v_1) \cdot \phi_2(v_2),$$

$$\begin{aligned}(\phi_1 \wedge \phi_2)(v_1, v_2) &= \frac{1}{2}(\phi_1(v_1)\phi_2(v_2) - \phi_2(v_1)\phi_1(v_2)) \\ &= -(\phi_2 \wedge \phi_1)(v_1, v_2)\end{aligned}$$

이다.

(4) 만일 $T \in \Lambda^p \mathbb{R}^{n*}$, $S \in \Lambda^q \mathbb{R}^{n*}$, $R \in \Lambda^r \mathbb{R}^{n*}$이면

$$(T \wedge S) \wedge R = T \wedge (S \wedge R),$$

$$T \wedge S = (-1)^{pq} S \wedge T$$

이다.

(5) $\Lambda^0 \mathbb{R}^{n*} \cong \mathbb{R}$이고 기저는 $\{1\}$이며, $\Lambda^n \mathbb{R}^{n*} \cong \mathbb{R}$이고 기저는 $\{e_1^* \wedge \cdots \wedge e_n^*\}$이다.

❙ 정의 5.1.3 ❙ 직접합(direct sum)

$$\Lambda \mathbb{R}^{n*} := \Lambda^0 \mathbb{R}^{n*} \oplus \Lambda^1 \mathbb{R}^{n*} \oplus \cdots \oplus \Lambda^n \mathbb{R}^{n*}$$

은 합 $+$에 대하여 벡타공간이며 쐐기곱 $\wedge$에 대하여 대수(algebra)가 된다. 이때 $(\Lambda \mathbb{R}^{n*}, +, \wedge)$를 $\mathbb{R}^{n*}$의 **외대수**(exterior algebra)라 한다.

만일 $A : \mathbb{R}^n \to \mathbb{R}^m$이 선형맵이면, 각 p에 대하여 듀알맵(dual map)은

$A^*: \mathbb{R}^{m*} \to \mathbb{R}^{n*}$이고,

$A^*: \Lambda^p \mathbb{R}^{m*} \to \Lambda^p \mathbb{R}^{n*}$은

$T \in \Lambda^p \mathbb{R}^{m*}$, $v_1, \cdots, v_p \in \mathbb{R}^n$

$A^*(T)(v_1, \cdots, v_p) = T(Av_1, \cdots, Av_p)$라고 정의하면,

$A^*(S+T) = A^*S + A^*T,\ S \in \Lambda^q \mathbb{R}^{m*}$

$A^*(S \wedge T) = A^*S \wedge A^*T,\ S \in \Lambda^q \mathbb{R}^{m*}$가 된다.

따라서 $A^*: \Lambda \mathbb{R}^{m*} \to \Lambda \mathbb{R}^{n*}$는
대수준동형(algebra homomorphism)이 된다.

▌정리 5.1.4▐

(1) 만일 $A: \mathbb{R}^n \to \mathbb{R}^m$, $B: \mathbb{R}^m \to \mathbb{R}^l$이 선형맵이면
$(BA)^* = A^*B^*$이다.

(2) 만일 $A: \mathbb{R}^n \to \mathbb{R}^n$이 선형맵이면,

$$A^*: \Lambda^n \mathbb{R}^{n*} \to \Lambda^n \mathbb{R}^{n*},$$

$$A^*(T) = (\det A) \cdot T,\quad T \in \Lambda^n \mathbb{R}^{n*}$$

이다.

(증명) (1) 각 원소 $T \in \Lambda^p \mathbb{R}^{l*}$에 대하여 정의에 의하여

$$\begin{aligned}(BA)^*(T) &= T(BA) = (TB)A \\ &= A^*(TB) = A^*B^*(T)\end{aligned}$$

이므로 $(BA)^* = A^*B^*$이다.

(2) 선형맵 $A = (a_{ij})$는 $n \times n$-행렬이다. $\Lambda^n \mathbb{R}^{n*}$의 원소
$T = re_1^* \wedge \cdots \wedge e_n^*$, $r \in \mathbb{R}$로 쓸 수 있다. 정의에 따르면

$$
\begin{aligned}
A^*(T) &= aA^*e_1^* \wedge \cdots \wedge A^*e_n^* \\
&= a(e_1A)^* \wedge \cdots \wedge (e_nA)^* \\
&= a(\det A)e_1^* \wedge \cdots \wedge e_n^* \\
&= (\det A)\,T \text{ 이다.}
\end{aligned}
$$
■

5.2 드람코호몰로지(de Rham Cohomology)

벡타공간의 외대수를 미분다양체에 이용해보자.

| 정의 5.2.1 | n-차원 미분다양체 M에 대하여, 섹션(section)

$$\omega : M \to \Lambda^p\, T^* M,$$
$$x \in M,\ \omega(x) \in \Lambda^p\, T_x^* M$$

을 M상의 p-**폼**(p-form)이라 하고, M상의 모든 p-폼들의 집합을 $\Omega^p(M)$이라 하자.

0-폼의 집합 $\Omega^0(M) = \{\phi \mid \phi : M \to \mathbb{R} \text{ 스므스맵}\} = C^\infty(M)$이고, 각 폼 $\omega, \omega_1, \omega_2 \in \Omega^p(M)$과 $\theta \in \Omega^q(M)$에 대하여

$$(\omega_1 + \omega_2)(x) = \omega_1(x) + \omega_2(x), \quad x \in M$$
$$(\omega \wedge \theta)(x) = \omega(x) \wedge \theta(x), \quad x \in M$$

라 하면, $\omega_1 + \omega_2 \in \Omega^p(M)$이고 $\omega \wedge \theta \in \Omega^{p+q}(M)$이다.

따라서 $\Omega^p(M)$은 벡타공간이고, 직접합

$$\Omega(M) = \Omega^0(M) \oplus \Omega^1(M) \oplus \cdots \oplus \Omega^n(M)$$

은 합 $+$와 쐐기곱 $\wedge$에 대하여 **외대수**(exterior algebra)가 된다.
0-폼 $\phi \in \Omega^0(M)$의 **미분**(derivative) $d\phi \in \Omega^1(M)$,
$d\phi_x : T_xM \to \mathbb{R}$, $x \in M$, 은 1-폼이다.

예 5.2.2

$\mathbb{R}^n$상의 좌표맵 $x_i : \mathbb{R}^n \to \mathbb{R}$

$$x_i(a_1, \cdots, a_n) = a_i,\ i = 1, \cdots, n$$

은 0-폼이고, 미분 $dx_1, \cdots, dx_n$은 1-폼이다.

각 점 $p \in \mathbb{R}^n$에 대하여

$\left\{\frac{\partial}{\partial x_1}(p), \cdots, \frac{\partial}{\partial x_n}(p)\right\}$는 탄젠트공간 $T_p\mathbb{R}^n$의 기저이고,

$\{dx_1(p), \cdots, dx_n(p)\}$는 코탄젠트공간 $T_p^*\mathbb{R}^n$의 기저이고

$\left\{dx_{i_1}(p) \wedge \cdots \wedge dx_{i_k}(p) \mid 1 \le i_1 < i_2 \cdots < i_k \le n\right\}$는

$\Lambda^k T_p^* \mathbb{R}^n$의 기저이다.

| 정의 5.2.3 | 스므스맵 $f : M \to N$, $f(x) = y$의 x에서 미분

$$df_x : T_xM \to T_yN\text{이고}$$

$$df_x^* : T_y^* N \to T_x^* M\text{이다.}$$

각 p에 대하여

$$f^* : \Omega^p N \to \Omega^p M,\ \omega \in \Omega^p N,\ x \in M,$$

$$f^*(\omega)(x) := df_x^*(\omega(f(x)))$$

로 정의하고, $f^*\omega$를 f에 의한 ω의 **당김**(pullback)이라 한다.

| 정리 5.2.4 | 스므스맵 $f: M \to N$, $g: N \to P$과

$$\omega, \omega_1, \omega_2 \in \Omega^p(N), \ \theta \in \Omega^q(N), \ \alpha \in \Omega^r(P)$$

에 대하여,

(1) $f^*(\omega_1 + \omega_2) = f^*\omega_1 + f^*\omega_2$,

(2) $f^*(\omega \wedge \theta) = f^*\omega \wedge f^*\theta$,

(3) $(g \circ f)^*(\alpha) = f^*(g^*\alpha)$,

(4) $f^*(d\omega) = d(f^*\omega)$,

만일 $\omega \in \Omega^0(N)$이면, $f^*(\omega) = \omega \circ f$이다. ■

| 정의 5.2.5 | $\mathbb{R}^n$의 열린집합 U상의 p-폼

$$\omega = \sum a_I dx_I, \ a_I: U \to \mathbb{R}$$

은 스므스맵이다. 여기서

$$dx_I = dx_{i_1} \wedge \cdots \wedge dx_{i_p},$$

로 쓸 수 있다.

ω의 **외미분**(exterior derivative)는

$$d\omega := \sum da_I \wedge dx_I$$

$(p+1)$-폼으로 정의한다.

| 정리 5.2.6 | $\mathbb{R}^n$의 열린집합 U상에서

(1) $d(\omega_1 + \omega_2) = d\omega_1 + d\omega_2$,

(2) $d(\omega \wedge \theta) = d\omega \wedge \theta + (-1)^p \omega \wedge d\theta$, $\omega \in \Omega^p(U)$,

(3) $d(d\omega) = 0$,

(4) 만일 $f: U \to V$가 미분동형이면, $f^*(d\omega) = d(f^*\omega)$이다.

■

| 정의 5.2.7 | n-차원 미분다양체 M의 P-폼 $\omega \in \Omega^p(M)$과 매개맵 $\phi: U \to M$, U는 $\mathbb{R}^n$의 열린집합에 대하여 $\phi(U)$상에서 **외미분**(exterior derivative)을

$$d\omega := \phi^{-1*}(d(\phi^*\omega))$$

로 정의한다.

만일 $\psi: V \to M$이 다른 매개맵이고 $\phi(U) \cap \psi(V) \neq \phi$이면,

$$\begin{aligned}\psi^{-1*}(d\theta^*\omega) &= \psi^{-1*}d(\psi^*\phi^{-1*}\phi^*\omega)\\ &= \psi^{-1*}(\psi^*\phi^{-1*})d(\phi^*\omega)\\ &= (\phi^{-1}\psi\psi^{-1})^*\left[d(\phi^*\omega)\right]\\ &= \phi^{-1*}\left[d(\phi^*\omega)\right]\end{aligned}$$

이므로 M상의 외미분이 잘 정의된(well-defined)다.

| 정리 5.2.8 | 미분다양체 M상에서 외미분 d는 다음을 만족한다.

(1) $d(\omega_1 + \omega_2) = d\omega_1 + d\omega_2$,

(2) $d(\omega \wedge \theta) = d\omega \wedge \theta + (-1)^p \omega \wedge d\theta$, $\omega \in \Omega^p(M)$,

(3) $d(d\omega) = 0$

(4) 만일 $f: M \to \mathbb{R}$ 이면 $df \in \Omega^1(M)$

(5) 만일 $g: M \to N$이 스므스맵이고, $\alpha \in \Omega^p(N)$이면

$d(g^*\alpha) = g^*(d\alpha)$이다. ■

증명은 정의 5.2.6과 정의 5.2.7을 따라가면 된다.

예 5.2.9

$\mathbb{R}^3$ 상에서

(1) 0-폼 $f : \mathbb{R}^3 \to \mathbb{R}$의 미분

$df = \frac{\partial f}{\partial x_1}dx_1 + \frac{\partial f}{\partial x_2}dx_2 + \frac{\partial f}{\partial x_3}dx_3$; 1-폼이고,

그래디언트벡타장(gradient vector field)은

$\operatorname{grad}(f) = \nabla f = \left(\frac{\partial f}{\partial x_1}, \frac{\partial f}{\partial x_2}, \frac{\partial f}{\partial x_3}\right)$이다.

즉, ∇f는 df의 성분으로 된 벡타장(vector field)이다.

(2) 1-폼 $\omega = f_1dx_1 + f_2dx_2 + f_3dx_3$의 외미분

$$d\omega = \left(\frac{\partial f_3}{\partial x_2} - \frac{\partial f_2}{\partial x_3}\right)dx_2 \wedge dx_3 + \left(\frac{\partial f_1}{\partial x_3} - \frac{\partial f_3}{\partial x_1}\right)dx_3 \wedge dx_1 + \left(\frac{\partial f_2}{\partial x_1} - \frac{\partial f_1}{\partial x_2}\right)dx_1 \wedge dx_2$$

$$\operatorname{curl}(f_1, f_2, f_3) = \left(\frac{\partial f_3}{\partial x_2} - \frac{\partial f_2}{\partial x_3}, \frac{\partial f_1}{\partial x_3} - \frac{\partial f_3}{\partial x_1}, \frac{\partial f_2}{\partial x_1} - \frac{\partial f_1}{\partial x_2}\right)$$

은 $F = (f_1, f_2, f_3)$의 컬(curl)이다.

(3) 2-폼 $\omega = f_1dx_2 \wedge dx_3 + f_2dx_3 \wedge dx_1 + f_3dx_1 \wedge dx_2$의 외미분

$$d\omega = \left(\frac{\partial f_1}{\partial x_1} + \frac{\partial f_2}{\partial x_2} + \frac{\partial f_3}{\partial x_3}\right)dx_1 \wedge dx_2 \wedge dx_3,$$

$\mathrm{div}(f_1, f_2, f_3) = \dfrac{\partial f_1}{\partial x_1} + \dfrac{\partial f_2}{\partial x_2} + \dfrac{\partial f_3}{\partial x_3}$은 $F = (f_1, f_2, f_3)$의 다이버전트(divergent)이다.

(4) 3-폼 $\omega = f dx_1 \wedge dx_2 \wedge dx_3$의 외미분 $d\omega = 0$이다.

| 정의 5.2.10 | 미분다양체 M상의 외미분
$d : \Omega^p(M) \to \Omega^{p+1}(M)$에 대하여

(1) $\omega \in \Omega^p(M)$이 **닫힘폼**(closed form) $\Leftrightarrow$ $d\omega = 0$ 이고,

(2) $\omega \in \Omega^p(M)$이 **완전폼**(exact form)
$\Leftrightarrow$ $\omega = d\sigma$인 $(p-1)$-폼 $\sigma \in \Omega^{p-1}(M)$이 존재할 때이다.

(3) $H^p(M;\mathbb{R}) = \dfrac{\mathrm{Ker}\ d : \Omega^p(M) \to \Omega^{p+1}(M)}{\mathrm{Im}\ d : \Omega^{p-1}(M) \to \Omega^p(M)}$

을 M의 p-번째 **드람코호몰로지**(de Rham cohomology)라고 부른다.

다양체의 스므스맵 $f : M \to N$에 대하여 다음 다이어그램이 교환이다:

$$\begin{array}{ccccccc}
\longrightarrow \Omega^{p-1}(M) & \xrightarrow{d} & \Omega^p(M) & \xrightarrow{d} & \Omega^{p+1}(M) \longrightarrow \\
\uparrow f^* & & \uparrow f^* & & \uparrow f^* \\
\longrightarrow \Omega^{p-1}(N) & \xrightarrow{d} & \Omega^p(N) & \xrightarrow{d} & \Omega^{p+1}(N) \longrightarrow
\end{array}$$

$f^* \circ d = d \circ f^*$로부터

$f^*(\mathrm{Im}\ d) \subset \mathrm{Im}\ d,$

$f^*(\mathrm{Ker}\, d) \subset \mathrm{Ker}\, d$이므로 맵

$$f^{\#} : H^p(N, \mathbb{R}) \to H^p(M, \mathbb{R}),$$
$$f^{\#}(\sigma + \mathrm{Im}\, d) = f^*(\sigma) + \mathrm{Im}\, d$$

이 잘 정의된다.

┃정리 5.2.11┃

(1) 만일 $f : M \to N$, $g : N \to P$이 스므스맵이면 $(g \circ f)^{\#} = f^{\#} \circ g^{\#}$, $I_M^{\#} = I_{H^p(M)}$이다.

(2) 만일 M이 k개의 연결성분(connected component)으로 되어 있으면, $H^0(M, \mathbb{R}) = \mathbb{R}^k$이다.

(3) 만일 $p > \dim M$이면, $H^p(M, \mathbb{R}) = 0$이다.

┃정리 5.2.12┃ 스톡스정리(Stokes Theorem)

M이 n-차원 미분다양체로서 방향을 갖고, ω가 $(n-1)$-폼이면

$$\int_M d\omega = \int_{\partial M} \omega$$

이다. ■

예 5.2.13

$\mathbb{R}^2 - \{0\}$상의 1-폼 $w = \dfrac{-ydx}{x^2+y^2} + \dfrac{xdy}{x^2+y^2}$에 대하여

(1) $d\omega = 0$이다.

(2) $\tan\theta = \frac{y}{x}$ 라고 하면 $d\theta = \omega$ 이다.

(3) $\int_{s^1} d\theta = 2\pi$ 이다.

5.3 코호몰로지의 호지분리(Hodge Decomposition of Cohomology)

n-차원 리만다양체 $(M, \langle\, ,\, \rangle)$가 방향을 갖는다고 하자.

메트릭 $\langle\, ,\, \rangle : M \to T^*M \otimes T^*M$은 섹션(section)으로 각 점 $x \in M$에서 내적 $\langle\, ,\, \rangle_x : T_xM \times T_xM \to \mathbb{R}$ 이다. M이 방향(orientation)을 갖는다고 하는 것은 n-폼 $\omega : M \to \Lambda^n T^*M$, 모든 점 $x \in M$에서 $\omega(x) \neq 0$, 이 존재함을 의미한다.

▌정의 및 성질 5.3.1▌

M상의 메트릭 $\langle\, ,\, \rangle$과 방향은 각 정수 p에 대하여 $\Omega^p(M)$상의 내적 $\ll\, ,\, \gg$을 다음과 같이 유도된다.

(1) 각 점 $x \in M$에 대하여 $\{e_1, \cdots, e_n\}$을 T_x^*M의 직교정규기저(orthonormal basis)라고 하면, $\Lambda^p T_x^* M$에서 **내적**(inner product)을

$$\langle e_{i_1} \wedge \cdots \wedge e_{i_p},\, e_{j_1} \wedge \cdots \wedge e_{j_p} \rangle = \det\left(\langle e_{i_\mu},\, e_{j_\nu} \rangle \right)$$

로 정의한다. $e_1 \wedge \cdots \wedge e_n \in \Lambda^n T_x^* M$이고

$\langle e_1 \wedge \cdots \wedge e_n,\, e_1 \wedge \cdots \wedge e_n \rangle = 1$이다.

(2) n-폼 $\omega \in \Omega^n(M)$이

$$\langle \omega, \omega \rangle : M \to \mathbb{R}, \ \langle \omega_x, \omega_x \rangle = 1, \ ^\forall x \in M$$

이 상수맵 $\langle \omega, \omega \rangle = 1$일 때, ω를 M의 **볼륨폼**(volume form)이라고 한다.

이때 $\omega = \mathrm{d\,vol}$로 나타낸다.

(3) $\{e_1, \cdots, e_n\}$을 순서가 정해진 $T_x^* M$의 직교정규기저라 하자. 맵

$$\ast_x : \Lambda^p T_x^* M \to \Lambda^{n-p} T_x^* M,$$
$$\ast_x(e_{i_1} \wedge \cdots \wedge e_{i_p}) = e_{j_1} \wedge \cdots \wedge e_{j_{n-p}},$$
$$e_{i_1} \wedge \cdots \wedge e_{i_p} \wedge e_{j_1} \wedge \cdots \wedge e_{j_{n-p}} = e_1 \wedge \cdots \wedge e_n$$

이 되도록 정의하자.

$\ast_x(1) = e_1 \wedge \cdots \wedge e_n$, $\ast(e_1 \wedge \cdots \wedge e_n) = 1$이고

$\ast_x(e_1 \wedge \cdots \wedge e_p) = e_{p+1} \wedge \cdots \wedge e_n$이며

$\ast_x^2 = (-1)^{p(n-p)}$이다.

(4) 호지스타연산자(Hodge star operator) $\ast$는 번들맵

$$\ast : \Omega^p(M) \to \Omega^{n-p}(M)$$

으로서 각 점 $x \in M$에서 $\ast_x : \Lambda^p T_x^* M \to \Lambda^{n-p} T_x^* M$으로 정의한다.

(5) d의 **어드조인트연산자**(adjoint operator) δ를

$$\delta : \Omega^p(M) \to \Omega^{p-1}(M),$$
$$\delta(\omega) = (-1)^{n(p+1)+1} \ast d \ast \omega$$

로 정의한다.

라프라스연산자(Laplace operator) Δ를

$$\Delta = \delta d + d\delta : \Omega^p(M) \to \Omega^p(M)$$

로 정의한다.

(6) $\Omega^p(M)$상의 내적 $\ll\ ,\ \gg$을

$$\ll\ ,\ \gg : \Omega^p(M) \times \Omega^p(M) \to \mathbb{R},$$

$$\ll \alpha, \beta \gg = \int_M \alpha \wedge * \beta = \int_M \langle \alpha, \beta \rangle \, d\,\mathrm{vol}$$

로 정의한다.

▎정리 5.3.1▎

(1) $\sigma \in \Omega^{p-1}(M)$, $\tau \in \Omega^p(M)$이면

$\ll d\sigma, \tau \gg = \ll \sigma, \delta\tau \gg$ 이다.

(2) Δ는 셀프어드조인트(self adjoint)이다:

$\ll \Delta\alpha, \beta \gg = \ll \alpha, \Delta\beta \gg$, $\alpha, \beta \in \Omega^p(M)$. ■

▎정의 5.3.2▎ p-폼 $\omega \in \Omega^p(M)$이 $\Delta\omega = 0$이면, ω를 **하모닉 폼**(harmonic form)이라 한다.

$\mathcal{H}^p(M)$을 M의 모든 하모닉 p-폼의 집합이라 하자.

정리 5.3.2를 좀더 자세히 알아보자.

▎정리 5.3.3▎ 호지분리정리(Hodge Decomposition Theorem)

M을 방향을 갖은 콤팩트 n-차원 리만다양체라 하자.

$0 \le p \le n$에 대하여

(1) $\mathcal{H}^p(M)$은 유한차원이다.

(2) $\Omega^p(M) = \mathcal{H}^p(M) \oplus \Delta(\Omega^p(M))$

$$= \mathcal{H}^p(M) \oplus d(\Omega^{p-1}(M)) \oplus \delta(\Omega^{p+1}(M))$$

(3) $\mathcal{H}^p(M) \simeq H^p(M, \mathbb{R})$은 동형이다.

증명(힌트)

(1) 방향을 갖는 콤팩트 다양체 상에서 라프라스연산자 Δ는 엘립틱(elliptic)이다.

따라서 Δ는 프레드호름연산자(Fredholm operator)이며,

$\mathcal{H}^p(M) = \Delta^{-1}(0)$는 유한차원이다.

(2)와 (3)

$\Delta : \Omega^p(M) \to \Omega^p(M)$은 셀프어드조인트이고,

$$\ll \Delta\sigma, \sigma \gg \, = \, \ll d\sigma, d\sigma \gg + \ll d^*\sigma, d^*\sigma \gg$$

이므로 $\Delta\sigma = 0 \Leftrightarrow d\sigma = 0,\ d^*\sigma = 0$이다. ■

주의 1. 라프라스연산자 Δ는 엘립틱연산자이다.

2. 각 드람코호몰로지 클래스 $\alpha + \mathrm{Im}\, d \in H^p(M, \mathbb{R})$는 유일한 하모닉폼 $a \in \mathcal{H}^p(M)$을 갖는다.

5.4 호몰로지와 코호몰로지 관계 (Definitions and Examples of Differentiable Manifold)

다양체 M과 그의 부분공간을 A라 하자.

▌정리 5.4.1▌ 범계수정리(universal coefficient theorem)

(1) 아벨군 G에 대하여

$$0 \to \mathrm{Ext}(H_{k-1}(M, A; Z), G) \to H^k(M, A; G)$$

$$\xrightarrow{\alpha} \mathrm{Hom}(H_k(M, A; Z), G) \to 0$$

는 완전열(exact sequence)이고 분리(splitting)이다.

(2) 만일 G가 체(field)이면

$H^k(M, A; G) \simeq \mathrm{Hom}(H_k(M, A, \mathbb{Z}), G)$이다. ■

이 책에서는 주로 체계수(field coefficient)을 사용한다.

▌정의 5.4.2▌

(1) **컵곱**(cup product)은

$$\begin{aligned} \cup : H^p(M) \times H^q(M) &\to H^{p+q}(M) \\ (c, d) &\mapsto c \cup d, \end{aligned}$$

$$[\sigma, c \cup d] = [\sigma\lambda_p, c][\sigma\rho_q, d]$$

여기서 $\sigma\lambda_p$는 앞 p면이고, $\sigma\rho_q$는 뒷 q면이며, $\sigma \in H_{p+q}(M)$이다.

(2) **캡곱**(cap product)은

$$\cap : H_{p+q}(M) \times H^p(M) \to H_q(M)$$
$$(\sigma, d) \mapsto \sigma \cap d = [\sigma \lambda_p, d] \sigma \rho_q$$

로 정의한다.

| 정리 5.4.3 | 푸앵카레 정리(Poincaré Theorem)

M이 콤팩트 방향가 n차원 다양체이면,

$$[M] \cap : H^p(M) \to H_{n-p}(M)$$

은 동형이다. 여기서 $[M] \in H_n(M)$은 기본클래스(fundamental class)이다. ■

| 계 5.4.4 |

(1) 만일 M이 연결이면, $H^n(M, \mathbb{Z}) = \mathbb{Z}$이다.
(2) 베티수 $b_p = b_{n-p}$이다.
(3) n이 홀수이면 오일러수 $\chi(M) = 0$이다.

사영맵 $\pi_i : M_1 \times M_2 \longrightarrow M_i, \ i = 1, 2$에 대하여 :

| 정의 5.4.5 | 교차곱(cross product)을

$$\times : H^p(M_1) \otimes H^q(M_2) \to H^{p+q}(M_1 \times M_2)$$
$$(c, d) \mapsto c \times d = \pi_1^*(c) \cup \pi_2^*(d)$$

로 정의한다.

▮정리 5.4.6▮ 퀴니스정리(Künneth Theorem)

체(field)계수에서, 교차곱

$$\times : \bigoplus_{p+q=n} H^p(M_1)\otimes H^q(M_2) \to H^n(M_1\times M_2)$$

은 동형이다. ■

▮정의 5.4.7▮ 경사곱(slant product)는

$$/ : H^{p+q}(M_1\times M_2)\times H_p(M_1) \to H^q(M_2)$$

$$(\sigma\ ,\ \alpha) \mapsto \sigma/\alpha,$$

각 $\beta\in H_q(M_2)$에 대하여

$$[\beta,\ \sigma/\alpha] = [\alpha\times\beta,\ \alpha]$$

로 정의한다.

▮정리 5.4.8▮

(1) 만일 $\gamma\in H^p(M_1\times M_2)$, $c_1\in H^q(M_1)$, $c_2\in H^r(M_2)$, $\sigma\in H_s(M_1)$이면

$$\left[(c_1\times c_2)\cup\gamma\right]/\sigma = (-1)^{r(s-q)}c_2\cup\left[\gamma/\sigma\cap c_1\right]$$

이다.

(2) 만일 $\sigma\in H_p(M_1)$, $\tau\in H_q(M_2)$, $c\in H^r(M_1)$, $d\in H^s(M_2)$이면

$$(\sigma\times\tau)\cap(c\times d) = (-1)^{s(p-r)}(\sigma\cap c)\times(\tau\cap d)$$

이다. ■

M을 콤팩트 방향가 n-차원 다양체라 하자.

대각맵 $\Delta : M \to M \times M$의 $\Delta(M)$의 노말번들(normal bundle)의 오일러클래스에 해당하는 $u' \in H^n(M \times M, M \times M - \Delta(M))$이 존재한다.

제한맵 $H^n(M \times M, M \times M - \Delta(M)) \to H^n(M \times M)$의 u'의 상을 u''라 하고 대각코호몰로지클래스(diagonal cohomology class)라 한다.

각 점 $x \in M$에 대하여

$$j_x : (M, M - \{x\}) \to (M \times M, M \times M - \Delta(M)),$$
$$j_x(y) = (x, y)$$

라 하자.

▌정리 5.4.9▐

(1) $j_x^* : H^n(M \times M, M \times M - \Delta(M)) \to H^n(M, M - \{x])$

$j_x^*(u') = u_x$는 생성원(generator)이다.

(2) $u'' / [M] = 1 \in H^0(M)$이다.

(3) $u'' = \sum_i (-1)^{\dim a_i} a_i \times b_i \in H^n(M \times M)$이며

$[[M], a_i \cup b_j] = \delta_{ij}$이다.

(4) $(-1)^{np} u'' / : H_{n-p}(M) \to H^p(M)$은 동형이며, 푸앵카레 동형

$$[M] : H^p(M) \to H_{n-p}(M)$$

의 역(inverse)이다. ■

증명은 대수적 위상수학(2)을 참조하시오.

CHAPTER 06 심플렉틱다양체(Symplectic Manifolds)

6.1 심플렉틱구조(Symplectic Structures)

$2n$-차원 미분다양체를 M이라 하자.

▍정의 6.1.1▍

(1) 2-폼 $\omega \in \Omega^2(M)$이 **비퇴화**(nondegenerate)란 각 점 $x \in M$ 에서 $\omega_x : T_xM \times T_xM \to \mathbb{R}$

$\omega_x(V, W) = 0 \ {}^\forall W \in T_xM$이면 $V = 0$이다.

(2) M상의 비퇴화 닫힌 2-폼 $\omega \in \Omega^2(M)$, $d\omega = 0$,을 M의 **심플렉틱구조**(symplectic structure)라 한다.

(3) 심플렉틱구조를 갖는 다양체 (M, ω)를 **심플렉틱다양체**(symplectic manifold)라 한다.

> **주의** 심플렉틱다양체 (M, ω)의 심플렉틱구조 $\omega \in \Omega^2(M)$를 심플렉틱폼(symplectic form)이라고 한다.
>
> (1) ω가 닫힌폼이므로 $d\omega = 0$
>
> (2) ω가 2-폼이므로 $\omega(V, W) = -\omega(W, V)$이고, V와 W에서 선형이다.
>
> (3) ω가 비퇴화 이므로, 각 점 $x \in M$에서 $\wedge^n \omega_x \neq 0$이고,
>
> $\omega^n := \wedge^n \omega \in \Omega^n(M)$은 볼륨폼이고, M상에 **방향**(orientation)을 준다.

예 6.1.2

(1) $2n$-차원 유클리트공간 $M=\mathbb{R}^{2n}$의 좌표를

$(x_1, \cdots, x_n, y_1, \cdots, y_n)$라 하자.

각 점 $p \in M$에서

$\left\{\frac{\partial}{\partial x_1}, \cdots, \frac{\partial}{\partial x_n}, \frac{\partial}{\partial y_1}, \cdots, \frac{\partial}{\partial y_n}\right\}$은 T_pM의 기저이고

$\{dx_1, \cdots, dx_n, dy_1, \cdots, dy_n\}$는 T_p^*M의 기저가 된다.

2-폼 $\omega = \sum_{i=1}^{n} dx_i \wedge dy_i$는 $d\omega = 0$이고

$\omega^n = n!\ dx_1 \wedge dy_1 \wedge \cdots \wedge dx_n \wedge dy_n \neq 0$이므로,

비퇴화 닫힌 2-폼이다.

따라서 $(\mathbb{R}^{2n}, \omega)$는 심플렉틱다양체이다.

(2) n-차원 복소내적공간 $M=\mathbb{C}^n$의 복소좌표를 $(z_1, \cdots, z_n)$라 하고, $z_j = x_j + iy_j$, $j = 1, \cdots, n$라 하자.

M상의 헐미션메트릭은 $h = \sum_{j=1}^{n} dz_j \otimes d\overline{z_j}$이고,

리만메트릭은 $g = \sum_{j=1}^{n} (dx_j \otimes dx_j + dy_j \otimes du_j)$이며,

심플렉틱폼은 $\omega = \frac{i}{2}\sum_{j=1}^{n} dz_j \wedge d\overline{z_j} = \sum_{j=1}^{n} dx_j \wedge dy_j$이다.

$(\mathbb{C}^n, \omega)$은 심플렉틱다양체이다.

(3) n-차원 복소사영공간 $M = \mathbb{CP}^n = \frac{\mathbb{C}^{n+1} - \{0\}}{\mathbb{C} - \{0\}} = \frac{S^{2n+1}}{S^1}$

$$= \mathbb{CP}^{n-1} \bigcup_{S^{2n-1}} D^{2n} = \bigcup_{i=1}^{n+1} U_i \,,$$

여기서 $U_i = \left\{ [z_1, \cdots, z_{i-1}, \hat{1}, z_{i+1}, \cdots, z_{n+1}] \in \mathbb{CP}^n \right\}$

$\simeq \mathbb{C}^n$는 $\mathbb{CP}^n$의 열린부분집합이다.

U_1상에서

$$\omega = \frac{i}{2} \partial \bar{\partial} (\log |z|^2 + 1)$$

$$= \frac{i}{2} \frac{(1+|z|^2) \sum_{j=2}^{n+1} dz_j \wedge d\overline{z_j} - \sum_{j,k=2}^{n+1} \overline{z_j} z_k dz_j \wedge d\overline{z_k}}{(1+|z|^2)^2}$$

$$= \frac{i}{2} \sum_{j,k=2}^{n+1} h_{jk}(z)\, dz_j \wedge d\overline{z_k},$$

여기서 $h_{jk}(z) = \dfrac{(1+|z|^2)\delta_{jk} - \overline{z_j} z_k}{(1+|z|^2)^2}$이다.

계산에 의하여 ω는 심플렉틱폼이다.

이때 $h = \sum_{j,k} h_{j,k}(z) dz_j \otimes d\overline{z_k}$를 $\mathbb{CP}^n$의 **푸비니-스터디메트릭**(Fubini-Study metric)이라 부른다.

따라서 $(\mathbb{CP}^n, \omega)$는 심플렉틱다양체이다.

특히, $\mathbb{CP}^1 = S^2$상에서는 심플렉틱폼은

$$\omega = \frac{i}{2} \frac{(1+|z|^2) dz \wedge d\bar{z} - \bar{z} z\, dz \wedge d\bar{z}}{(1+|z|^2)^2}$$

$$= \frac{dx \wedge dy}{(1+x^2+y^2)^2}$$ 이고,

$$h = \frac{1}{(1+|z|^2)^2} dz \otimes d\bar{z}\text{이다.}$$

천클래스 $c_1(T\mathbb{CP}^1) = \frac{i}{2\pi}\bar{\partial}\partial(\log h) = \frac{2}{\pi}\omega$이다.

$\mathbb{CP}^1$의 오일러지표는 $\int_{\mathbb{CP}^1} c_1 = \frac{2}{\pi}\int_{\mathbb{CP}^1}\omega = 2$이다.

(4) n-차원 미분다양체 X의 코탄젠트번들 $M = T^*X$는 $2n$-차원 미분다양체이다.

X의 좌표계를 $(x_1, \cdots, x_n)$이라 하고,

파이버인 코탄젠트공간의 좌표를 $(y_1, \cdots, y_n)$이라 하면

$(x_1, \cdots, x_n, y_1, \cdots, y_n)$은 T^*X의 좌표계가 된다.

1-폼 $\alpha = y_1 dx_1 + \cdots + y_n dx_n$을 **리우빌폼**(Liouville form)이라 한다. 이때 2-폼

$$\omega = d\alpha = \sum_{i=1}^{n} dy_i \wedge dx_i$$

은 T^*X상의 표준심플렉틱폼(canonical symplectic form)이 된다.

(5) 리만곡면, $\mathbb{CP}^n$과 켈러다양체(Kähler manifold)는 모두 심플렉틱다양체이다.

| 정리 6.1.3 | 다부정리(Darboux Theorem)

(M, ω)를 $2n$-차원 심플렉틱다양체이면 각 점 $p \in M$의 좌표계 $(x_1, \cdots, x_n, y_1, \cdots, y_n)$이 존재하여 $\omega = \sum_{i=1}^{n} dx_i \wedge dy_i$가 된다.

이때 $(x_1, \cdots, x_n, y_1, \cdots, y_n)$을 **다부좌표계**(Darboux coordinate)라고 한다. ■

┃정의 6.1.4┃ 심플렉틱다양체 (M, ω)에 대하여,

(1) **준복소구조**(almost complex structure) J는 번들맵

$$J: TM \to TM,\ J^2 = -I$$

이다. 즉, 각 점 $x \in M$에서 동형맵

$$J_x: T_xM \to T_xM,\ J_x^2(V) = -V,\ \forall V \in T_xM$$

이다.

(2) ω가 J를 **태임**(tame)한다란

$\omega_x(V, J_xV) > 0,\ \forall V \in T_xM - \{0\},\ \forall x \in M$이다.

(3) ω와 J가 **양립**(compatible)한다란

(i) ω가 J를 태임하고,

(ii) $\omega_x(J_xU, J_xV) = \omega_x(U, V)$,

$\forall x \in M,\ \forall U,\ \forall V \in T_xM$일 때이다.

┃정의 및 성질 6.1.5┃

(1) 심플렉틱다양체 (M, ω)에는 양립하는 준복소구조 J가 존재하고 양립준복소구조의 집합은 연결(connected)이다.

(2) 양립하는 ω와 J는 M상에 리만메트릭을 정의한다. 즉, 각 점 $x \in M$, $\forall U, \forall V \in T_xM$에 대하여 $g_x(U, V) = \omega_x(U, J_xV)$라 하면 g는 M상에서 리만메트릭이 된다. 이때 (M, ω, J, g)를 M상의 **양립세쌍**(compatible triple)이라 한다.

(3) 심플렉틱다양체의 양립세쌍 (M, ω, J, g)에 대하여

(i) ω, J가 주어지면, g가 정해진다:

$$\begin{bmatrix} \omega(JU, JV) = \omega(U, V) \\ \omega(U, JU) > 0, \ U \neq 0 \end{bmatrix} \Rightarrow g(U, V) = \omega(U, JV)$$

(ii) J, g가 주어지면 $\Rightarrow \omega(U, V) = g(JU, V)$

(iii) ω, g가 주어지면, 동형(isomorphism)인 번들맵

$$\tilde{\omega}: TM \to T^*M, \ \tilde{\omega}(U) = \omega(U, \bullet)$$

$$\tilde{g}: TM \to T^*M, \ \tilde{g}(U) = g(U, \bullet)$$

은 준복소구조 $J: TM \to TM$,

$$J(U) = \tilde{g}^{-1}(\tilde{\omega}(U)), \ U \in TM$$

을 유도한다.

6.2 심플렉틱동형(Symplectomorphisms)

콤팩트 심플렉틱다양체를 (M, ω)라 하고 M상의 미분동형들의 집합을 Diff(M)이라 하자.

| 정의 6.2.1 |

(1) 미분동형 $\psi: M \to M$이 $\psi^*\omega = \omega$일 때 ψ를 **심플렉틱동형** (symplectomorphism)이라 한다. M상의 심플렉틱동형들의 집합을 $\mathrm{Symp}(M)$이라 하자.

(2) 벡타장 $X \in \Gamma(TM)$에 대한 1-폼 $\omega(X, \bullet)$이 닫혀있을 때,

즉 $d\omega(X, \bullet) = 0$일 때, X를 **심플렉틱벡타장**(symplectic vector field)라 한다.

(3) 심플렉틱벡타장 X에 대하여 스므스맵

$$H : M \to \mathbb{R}$$

이 존재하여 $\omega(X, \bullet) = dH$일 때 X를 **해밀톤벡타장**(Hamiltonian vector field)라 한다.
이때 $X = X_H$로 나타내자.

❙정리 6.2.2❙

(1) 심플렉틱벡타장 $X_t,\ 0 \le t \le 1$에 대하여 심플렉틱동형 $\psi_t : M \to M,\ 0 \le t \le 1$ 존재하여
$\psi_0 = I_M,\ \dfrac{d}{dt}\psi_t = X_t \circ \psi_t$이 된다.

(2) 해밀톤벡타장 X_H에 대하여
해밀톤동형(Hamiltonian symplectomorphism)

$$\phi_H^t : M \to M,\ 0 \le t \le 1$$

이 존재하여 $\phi_H^0 = I_M,\ \dfrac{d}{dt}\phi_H^t = X_H \circ \phi_H^t$가 된다. ■

$dH(X_H) = \omega(X_H, X_H) = 0$이므로 해밀톤벡타장 X_H는 H의 레벨집합(level set)의 탄젠트벡타이다.

(M, ω)상의 해밀톤동형 집합을 $\mathrm{Ham}(M)$로 나타내면,
$\mathrm{Ham}(M) \subset \mathrm{Symp}(M) \subset \mathrm{Diff}(M)$이고 $\mathrm{Ham}(M)$은 $\mathrm{Symp}(M)$의 정규부분군(normal subgroup)이다.

항등맵 I_M을 포함하는 연결성분을 $\mathrm{Symp}_0(M)$라 하면 $\mathrm{Symp}_0(M)$의 범피복공간(universal covering space)은

$$\widetilde{\mathrm{Symp}_0}(M)$$
$$:= \{\{\psi_t\} \mid \{\psi_t\} \subset \mathrm{Symp}_0(M)\text{는 패스호모토피, } \psi_0 = I_M\}$$

이다.

각 패스 $\{\psi_t\} \in \widetilde{\mathrm{Symp}_0}(M)$에 대하여 심플렉틱벡타장 $\{X_t\}$가 존재하여

$$\psi_0 = I_M,\ \frac{d}{dt}\psi_t = X_t \circ \psi_t,\ d\omega(X_t, \bullet) = 0$$

이다. 만일 1-폼 $\omega(X_t, \bullet)$이 완전(exact)이면 해밀톤맵 $H_t : M \to \mathbb{R}$이 존재하여

$$dH_t = \omega(X_t, \bullet)\ \ 0 \le t \le 1$$

이 되고, 해밀톤벡타장 X_t에 대한 심플렉틱동형 ψ_t는 해밀톤동형이다.

두 원소 $\{\phi_t\}, \{\psi_t\} \in \widetilde{\mathrm{Symp}_0}(M)$에 대하여 곱을

$$\{\phi_t\} \cdot \{\psi_t\} = \begin{cases} \psi_{2t}, & 0 \le t \le \frac{1}{2} \\ \phi_{2t-1} \circ \psi_1, & \frac{1}{2} \le t \le 1 \end{cases}$$

로 정의하면 $\widetilde{\mathrm{Symp}_0}(M)$은 군(group)이 된다.

| 정의 6.2.3 | 심플렉틱다양체 (M, ω)의 **플럭스준동형**(Flux homomorphism)을

$$\mathrm{Flux} : \widetilde{\mathrm{Symp}_0}(M) \to H^1(M, \mathbb{R}),$$

$$\mathrm{Flux}(\{\psi_t\}) = \int_0^1 \omega(X_t,\ \ )dt$$

로 정의한다.

주의 (1) (6.2.3)에서 벡타장 $\{X_t\}$는 $\dfrac{d}{dt}\psi_t = X_t \circ \psi_t$이다.

(2) $H^1(M, \mathbb{R}) = \mathrm{Hom}(\pi_1(M), \mathbb{R})$이므로

$$\mathrm{Flux}(\{\psi_t\})[r] = \int_0^1 \int_0^1 \omega\big(X_t(r(s)), \dot{r}(s)\big) ds\, dt$$

이다.

❙ 정리 6.2.4 ❙ $\psi \in \mathrm{Symp}_0(M)$이 해밀톤동형일 필요충분 조건은 $\{\psi_t\} \in \widetilde{\mathrm{Symp}_0}(M)$이 존재하여 $\psi_0 = I_M$, $\psi_1 = \psi$이고 $\mathrm{Flux}(\{\psi_t\}) = 0$이다. ■

❙ 정리 6.2.5 ❙ 아놀드추측(Arnold conjecture)
콤팩트 심플렉틱다양체 M의 해밀톤동형 $\psi : M \to M$의 고정점의 수, $\#\mathrm{Fix}(\psi)$은 M의 벨티수의 합보다 크거나 같다.
즉, $\#\mathrm{Fix}(\psi) \geq \sum_i b_i(M)$이다.

6.3 퀀텀코호몰로지(Quantum Cohomologies)

$2n$-차원 콤팩트 심플렉틱다양체 (M, ω)의 양립트리플을 (ω, J, g)라 하자.

후레비츠준동형(Hurewicz homomorphism)은

$$h: \pi_2 M \to H_2(M, \mathbb{Z}),$$
$$[\alpha] \mapsto h([\alpha]) = \alpha_*[S^2]$$

이다.

여기서 $\alpha: S^2 \to M$이고 $\alpha_*: H_2(S^2, \mathbb{Z}) \to H_2(M, \mathbb{Z})$이다. h의 상(image)을 $\mathrm{Im}(h) := H_2(M)$이라 하자.

| 정의 6.3.1 | 원소 $A \in H_2(M)$에 대하여

(1) 맵 $u: (\Sigma, j) \to (M, J)$이 (j, J)-**홀로모르픽** ((j, J)-holomorphic)이란 $du \circ j = j \circ du$일 때이다. 여기서 j는 지너스 g인 리만곡면 Σ의 복소구조이다.

(2) 만일 Σ가 유한개의 특이점(singular point)를 갖고 특이점이 아닌 k개의 마크점(marked point) 갖을 때 (j, J)-홀로모르픽 맵 $u: (\Sigma, z_1, \cdots, z_k) \to M$이 **안정적**(stable)이란

(i) Σ의 한 성분 구(sphere)에서 u가 상수맵이면 그 구위의 마크점 개수와 특이점 개수 합이 ≥ 3이고,

(ii) Σ의 토러스 성분에서 u가 상수맵이면 그 토러스 위의 마크점 개수와 특이점 개수의 합이 ≥ 1이다.

(3) $$\mathcal{M}_{g,k}(M, A; J) = \{u \mid u: (\Sigma, z_1, \cdots, z_k) \to M\text{는 } (j, J)\text{-홀로모르픽 안정적 맵}, u_*[\Sigma] = A\}$$

을 **그로모브-위튼 모듀라이공간**(Gromou-Witten moduli space)라 한다.

$A \in H_2(M)$을 나타내는 모든 스므스 커브를

$$B := C^{\infty}(\Sigma, M; A) = \{u \mid u : \Sigma \to M, u_*[\Sigma] = A\}$$

라 하고, B상의 번들 $\pi : E \to B$의 파이버

$\pi^{-1}(u) = E_u = \Omega^{0,1}(\Sigma, u^* TM)$라 하자.

번들 E의 섹션 $\overline{\partial_J} : B \to E$,

$$\overline{\partial_J}(u) = \frac{1}{2}(du + Jduj)$$

의 제로집합 $\overline{\partial_J}^{-1}(0) = \mathcal{M}_{g,k}(M, A; J)$은 모듀라이공간이다.

모듀라이공간의 차원을 구해보자.

각 점 $u \in \mathcal{M}_{g,k}(M, A; J)$에 대하여 합성맵

$$D_u : \Omega^0(\Sigma, u^* TM) = T_u B \xrightarrow{d\overline{\partial_J}(u)} T_{(u,0)} E \xrightarrow{Proj} \Omega^{0,1}(\Sigma, u^* TM)$$

은 엘립틱연산자(elliptic operator)이고, 아티야-싱어지표정리(Atiyah-Singer Index Theorem)에 의하여 모듀라이공간의 차원은

$$\begin{aligned} &\dim \mathcal{M}_{g,k}(M, A; J) \\ &= \dim T_u \mathcal{M}(M, A; J) \\ &= \mathrm{index}(D_u) = 2c_1(TM)(A) + 2n(1-g) + (6g-6) + 2k \end{aligned}$$

이다.

| 정리 6.3.2 |

(1) $\mathcal{M}_{g,k}(M, A; J)$는 콤팩트 슈도사이클(pseudo-cycle)이다 (즉, 경계가 코디멘전 2(codimension 2) 이상이다.).

(2) $\dim \mathscr{M}_{g,k}(M, A ; J) = 2c_1(TM)(A) + (2n-6)(1-g) + 2k.$

(3) $u \in \mathscr{M}_{g,k}(M, A ; J)$이면 u의 에너지는

$$\frac{1}{2}\int_{\Sigma} |du|^2 \, \mathrm{dvol}_{\Sigma} = \int_{\Sigma} u^* \omega = \omega(A)$$이다.

| 정의 6.3.3 | **이벨류에이션맵**(evaluation map)은

$$\mathrm{ev} : \mathscr{M}_{g,k}(M, A ; J) \to M^k$$
$$\mathrm{ev}([u, z_1, \cdots, z_k]) = (u(z_1), \cdots, u(z_k))$$

이며, **그로모브-위튼불변량**(Gromov-Witten invariant)은

$$\Phi^{M,A}_{g,k} : H^*(M^k) \to \mathbb{Q}$$

$$\Phi^{M,A}_{g,k}(a_1 \otimes \cdots \otimes a_k)$$
$$= \int_{\mathscr{M}_{g,k}(M, A ; J)} \mathrm{ev}^*(a_1 \otimes \cdots \otimes a_k)$$
$$= \mathrm{ev} \bullet \alpha, \quad \text{여기서 } \alpha = PD(a_1 \otimes \cdots \otimes a_k),$$

$= M^k$에서 ev와 α의 교차수

$=$ α와 만나는 A를 나타내는 J-홀로모르픽 커브의 갯수 이다.

그로모브-위튼불변량을 이용하여 코호몰로지 $H^*(M)$상에 새로운 곱 $*$을 정의할 수 있다.

| 정의 6.3.4 |

(1) 코호몰로지 $a \in H^k(M)$와 $b \in H^l(M)$의 **퀀텀곱**(quantum product)은

$$a * b = \sum_{A \in H_2(M)} (a * b)_A \, q^{c_1(A)/N}$$

이다.

여기서 $N = \min\{c_1(A) \mid A \in H_2(M),\ c_1(A) \geq 0\}$은 **최소천수**(minimal Chern number)이고, q는 차수가 $2N$인 **보조변수**(auxiliary variable)이고, $(a * b)_A \in H^{k+l-2c_1(A)}(M)$이다.

각 $C \in H_{k+l-2c_1(A)}(M)$, $c = PD(C)$에 대하여

$$\int_C (a * b)_A := \Phi_{g,3}^{M,A}(a \otimes b \otimes c)$$

로 주어진다.

(2) **퀀텀군**(quantum group)을

$$QH^*(M) = H^*(M) \otimes \mathbb{Q}[q]$$

로 정의한다. 여기서 $\mathbb{Q}[q]$는 $\mathbb{Q}$에서 계수를 갖은 로랑다항식(Laurent Polynomial)이다.

$H^*(M)$에서 퀀텀곱 $*$은 $QH^*(M)$으로 선형확장이다.

❙ 정리 6.3.5 ❙ $(QH^*(M), +, *)$은 환(ring)이다.

여기서 $QH^*(M)$를 M의 **퀀텀코호몰로지환**(quantum cohomology ring)이라고 한다. ■

주의 만일 $A = 0 \in H_2(M)$이면 $\mathcal{M}(M, A; J) = M$이고

$$\int_C (a * b)_0 = \Phi_{g,3}^{M,A}(a \otimes b \otimes c)$$

$$= \int_M a \cup b \cup c = \int_C a \cup b$$

이므로 $(a*b)_0 = a \cup b$이다.

따라서 퀀텀곱 $*$는 컵곱(cup product) $\cup$의 확장이라 할 수 있다.

예 6.3.6

(1) n-차원 복소사영공간 $\mathbb{CP}^n$에 대하여,

$$H^*(\mathbb{CP}^n, \mathbb{Q}) = \frac{\mathbb{Q}[p]}{\langle p^{n+1} \rangle}, \; H^2(\mathbb{CP}^n) = \mathbb{Z} = \langle p \rangle,$$

$$QH^*(\mathbb{CP}^n) = \frac{\mathbb{Q}[p, q]}{\langle p^{n+1} = q \rangle}$$ 이다.

(2) 복소그라스만공간(complex Grassmannian space) $G(k, n)$에 대하여,

$$H^*(G(k, n), \mathbb{Q}) = \frac{\mathbb{Q}[x_1, \cdots, x_k]}{\langle y_{n-k+1}, \cdots, y_n \rangle},$$

$$QH^*(G(k, n)) = \frac{\mathbb{Q}[x_1, \cdots, x_k, q]}{\langle y_{n-k+1}, \cdots, y_{n-1}, y_n + (-1)^{n-k} q \rangle}$$

여기서 $\{x_1, \cdots, x_k\}$는 케노니칼번들(canonical bundle)

$$\mathbb{C}^k \to E \to G(k, n)$$

의 천뿌리(Chern root)이고,

$\{y_{n-k+1}, \cdots, y_n\}$은 여번들(complentary bundle)

$$\mathbb{C}^{n-k} \to F \to G(k, n)$$

의 천뿌리이다.

6.4 플로에코호몰로지(Floer Cohomologies)

$2n$-차원 콤팩트 심플렉틱다양체를 (M, ω)라 하자.

(1) M상의 수축루프(contractible loop)들의 공간을

$$LM = \{x \mid x : S^1 \to M\text{는 수축루프}\}$$

라 하고 그 범피복공간(universal covering space)를

$$\widetilde{LM} = \{(x, [u]) \mid x \in LM,\ u : D^2 \to M,\ u|_{s^1} = x,$$
$$[u] = \{v \mid v : D^2 \to M,\ v|_{s^1} = x,\ u\#(-v) = 0 \in H_2(M)\}\}$$

라고 하면

$$H_2(M) \to \widetilde{LM} \to LM$$

은 피복공간의 파이브레이션(fibration)이 된다.

편의상 $(x, [u]) := \tilde{x}$로 쓰기도 한다.

(2) 스므스 1-주기맵(periodic map)

$$H_t = H_{t+1} : M \to \mathbb{R}$$

에 대하여, 해밀톤벡타장 X_t는

$$\omega(X_t, \bullet) = dH_t$$

로 주어진다.

해밀톤미분방정식(Hamilton differential equation)

$$\frac{d}{dt}x(t) = X_t(x(t))$$

의 해는 **해밀톤동형**(Hamilton symplectomorphism)

$$\phi_t : M \to M, \ \frac{d}{dt}\phi_t = X_t(\phi_t), \ \phi_0 = I_M$$

을 생성(generate)한다.

▌정의 6.4.1▌ 심플렉틱작용맵(symplectic action functional)은

$$a_H : \widetilde{LM} \to \mathbb{R},$$

$$a_H(x, [u]) = -\int_{D^2} u^* \omega - \int_0^1 H_t(x(t))\, dt$$

로 정의한다.

▌정리 6.4.2▌

(1) $T_{(x, [u])}\widetilde{LM} = T_x LM = \Gamma(x^* TM)$

(2) $da_H(x, [u]) : \Gamma(x^* TM) \to \mathbb{R}$,

$$da_H(x, [u])\xi = \int_0^1 \omega(\dot{x}(t) - X_t(x(t)), \xi)\, dt. \quad ■$$

점 $(x, [u]) \in \widetilde{LM}$이 a_H의 임계점(critical point)일 필요충분조건은 $x \in LM$이 해밀톤미분방정식(Hamiltonian differential equation)

$$\dot{x}(t) - X_t(x(t)) = 0$$

의 해이다.

이 해 $x \in LM$는 해밀톤동형(Hamilton symplectomorphism)

$$\phi_t : M \to M, \ \frac{d}{dt}\phi_t = X_t(\phi_t), \ \phi_0 = I_M$$

을 생성한다. 이때

$$x(t) = \phi_t(x(0))\text{이고 } \phi_1(x(0)) = x(1) = x(0)$$

이므로 $x(0)$는 ϕ_1의 고정점(fixed point)이다.

a_H의 임계점들의 집합을 $\widetilde{CM} \subset \widetilde{LM}$이라 하고 그에 대응된 LM의 집합을 CM이라 하자.

| 정리 6.4.3 | LM상에 L^2-메트릭을 주면 임계점 사이의 a_H의 **그래디언트프로라인**(gradient flow line) u는

$$(\ast)\left[\begin{array}{l} u : \mathbb{R}^2 \to M, \\ \partial_s u + J(u)(\partial_t u - X_t(u)) = 0, \\ u(s, t) = u(s, t+1), \\ \lim\limits_{s \to \pm\infty} u(s, t) = x^{\pm}(t) \in CM, \\ \tilde{x}^+ = \tilde{x}^- \# u \end{array}\right.$$

을 만족한다.

집합 $\mathcal{M}(\tilde{x}^-, \tilde{x}^+) = \{u : \mathbb{R}^2 \to M \mid (\ast)\}$을 **플로에모듀라이공간**(Floer moduli space)이라 한다.

각 임계점 $\tilde{x} = (\tilde{x}, [u]) \in \widetilde{CM}$, $u : D^2 \to M$, $u|_{S^1} = x$에서 $u(D^2)$의 자명화(trivialization)와 루프 $x(t)$을 따라 M의 탄젠트공간의 변화는 **심플렉틱군**(symplectic group)

$$\mathrm{Sp}(2n) = \{\phi : \mathbb{R}^{2n} \to \mathbb{R}^{2n} \mid \phi^* \omega = \omega\}$$

에서 루프가 되며 이는 $\pi_1(\mathrm{Sp}(2n)) = \mathbb{Z}$의 원소 $\mu(\tilde{x})$가 된다.

따라서 **마슬로프지표**(Maslov index)

$$\mu : \widetilde{CM} \to \mathbb{Z}, \quad \tilde{x} \mapsto \mu(\tilde{x})$$

가 정의된다.

| 정리 6.4.2 | $\mathcal{M}(\tilde{x}^-, \tilde{x}^+)$의 차원은
$\dim \mathcal{M}(\tilde{x}^-, \tilde{x}^+) = \mu(\tilde{x}^-) - \mu(\tilde{x}^+)$이다.

플로에궤적(Floer trajectory) $(u : \mathbb{R}^2 \to M) \in \mathcal{M}(\tilde{x}^-, \tilde{x}^+)$은 $u(s, t)$에서 s를 평행이동해도 불변이다.

만일 $\dim \mathcal{M}(\tilde{x}^-, \tilde{x}^+) = 1$이면,

$\dim \mathcal{M}(\tilde{x}^-, \tilde{x}^+) / \mathbb{R} = 0$이다.

이때 궤적의 숫자를 $n(\tilde{x}^-, \tilde{x}^+) := \#\left(\dfrac{\mathcal{M}(\tilde{x}^-, \tilde{x}^+)}{\mathbb{R}}\right)$라 하자.

| 정의 6.4.3 |

(1) **노비코프환**(Novikov ring) Λ_ω은 유한조건(finiteness condition)을 만족하는 맵 $\lambda : H_2M \to \mathbb{Q}$의 집합이다.
여기서 **유한조건**은 모든 $c \in \mathbb{R}$에 대하여
$\#\{A \in H_2M \mid \lambda(A) \neq 0 \quad \omega(A) \leq c\} < \infty$이다.
A의 **차수**(degree)를 $\deg(A) = 2c_1(A)$라고 하자.

(2) **플로에코체인군**(Floer cochain group) $CF^*(M)$은 유한조건을 만족하는 맵 $\xi : \widetilde{CM} \to \mathbb{Q}$들의 집합이다. 여기서 유한조건은 모든 $c \in \mathbb{R}$에 대하여
$\#\left\{\tilde{x} \in \widetilde{CM} \mid \xi(\tilde{x}) \neq 0,\ a_H(\tilde{x}) \leq c\right\} < \infty$이다.

$\lambda \in \Lambda_\omega$, $\xi \in CF^*(M)$에 대하여

$$(\lambda * \xi)(\tilde{x}) := \sum_A \lambda(A)\,\xi(A \# \tilde{x})$$

라고 정의하면, $CF^*(M)$은 Λ_ω-모듈(module)이다.

차수가 k인 코체인군은

$$CF^k(M) = \{\xi \in CF^*(M) \mid \mu(\tilde{x}) \neq k \text{이면 } \xi(\tilde{x}) = 0\}$$

이다. **코바운다리연산자**(coboundary operator)를

$$\delta : CF^k(M) \to CF^{k+1}(M),$$
$$\delta(\xi)(\tilde{x}) := \sum_{\mu(\tilde{x}) - \mu(\tilde{y}) = 1} n(\tilde{x}, \tilde{y})\,\xi(\tilde{y})$$

로 정의한다.

❙정의 및 정리 6.4.4❙

(1) δ는 Λ_ω선형이며, $\delta \circ \delta = 0$이다.

(2) $HF^k(M) := \dfrac{\operatorname{Ker}\delta : CF^k(M) \to CF^{k+1}(M)}{\operatorname{Im}\delta : CF^{k-1}(M) \to CF^k(M)}$.

(3) $HF^*(M)$은 해밀톤맵 $H_t : M \to \mathbb{R}$에 독립이다.

$HF^*(M)$을 M의 **플로에코호몰로지군**(Floer cohomology group)이라 한다.

플로에코호몰로지군 $HF^*(M)$을 정의할 때 사용한 1-주기 해밀톤맵 $H_t = H_{t+1} : M \to \mathbb{R}$ 대신에 모스-스매일 조건을 만족하는 모스맵(Morse map) $H : M \to \mathbb{R}$ 사용하면 Λ_ω-모듈로서 동형 $HF^*(M, \Lambda_\omega) \simeq H^*(M) \otimes \Lambda_\omega \simeq QH^*(M, \Lambda_\omega)$을 얻을 수 있다.

여기서 $H: M \to \mathbb{R}$이 **모스-스매일조건**(Morse-Smale condition)을 만족한다는 것은 H의 임계점 사이에 그래디언트 플로라인(flow line)에 따른 스태블 부분다양체(stable submanifold)와 언스태블 부분다양체(unstable submanifold)가 횡단(transversal)함을 의미한다.

▎정리 6.4.5▎ 콤팩트 심플렉틱다양체 (M, ω)의 노비코프환 Λ_ω에서 계수를 갖는 플로에코호몰로지군과 퀀텀코호몰로지군은 동형이다. 즉,

$$HF^*(M, \Lambda_\omega) \simeq QH^*(M, \Lambda_\omega)$$

이다. ■

해밀톤맵 $H_t = H_{t+1}: M \to \mathbb{R}$에 의해서 정의된 심플렉틱작용맵 $a_H: \widetilde{LM} \to \mathbb{R}$의 임계점 집합 $\widetilde{CM}$은 플로에코체인군 $CF^*(M)$이 결정된다. 이때 LM에 대응되는 임계점집합을 CM이라 하자.

이 코체인군 $CF^*(M)$은 Λ_ω-모듈이다.

해밀톤맵 H_1은 해밀톤벡타장 X_1, $\omega(X_1, \bullet) = dH_1$, 을 결정하고, X_1은 해밀톤동형 $\phi_1: M \to M$을 유도한다.

따라서 다음 부등식이 성립한다:

$$\begin{aligned}
\#\,\mathrm{Fix}(\phi_1) &\geq \#(CM) \geq \#\left(CF^*(M)/\Lambda_\omega\right) \\
&\geq \dim\left(HF^*(M, \Lambda_\omega)/\Lambda_\omega\right) \\
&= \dim\left(QH^*(M, \Lambda_\omega)/\Lambda_\omega\right) \\
&= \dim H^*(M, \mathbb{Q})
\end{aligned}$$

$$= \sum_{i=0}^{2n} b_i(M)$$

여기서 $b_i(M)$은 M의 i-번째 베티수(Betti number)이다.

▌정리 6.4.6▐ 아놀드-플로에정리(Arnold–Floer Theorem)

(M, ω)를 $2n$-차원 콤팩트 심플렉틱다양체라 하자.

만일 $\phi : M \to M$이 해밀톤동형이면, ϕ의 고정점(fixed point)의 수는 M의 베티수합보다 크거나 같다.

즉, $\#\mathrm{Fix}(\phi) \geq \sum_{i=0}^{2n} b_i(M)$이다. ■

CHAPTER 07 복소다양체(Complex Manifolds)

7.1 복소내적공간(Complex Inner Product Spaces)

먼저 n-차원 실내적공간 $(V, \langle\ ,\ \rangle)$ (real inner product space)를 복습하자.

만일 $\{e_1, \cdots, e_n\}$이 V의 직교정규기저(orthonormal basis)라 하면 $\langle e_i, e_j \rangle = \delta_{ij}$, $i, j = 1, \cdots, n$이다.

벡타공간 $\Lambda^p V$는 $\left\{e_{i_1} \wedge \cdots \wedge e_{i_p} \mid 1 \le i_1 < \cdots < i_p \le n\right\}$을 직교정규기저로 하는 ${}_nC_p$-차원 내적공간이다.

특히, $\{e_1 \wedge \cdots \wedge e_n\}$은 $\Lambda^n V$의 직교정규기저가 되고, 볼륨폼 $\mathrm{vol} := e_1 \wedge \cdots \wedge e_n$을 V의 방향(orientation)이 된다.

V의 외대수(exterior algebra)는

$$\Lambda V = \Lambda^0 V \oplus \Lambda^1 V \oplus \cdots \oplus \Lambda^n V$$

이다.

호지스타연산자(Hodge star-operator) $*$는

$$* : \Lambda^p V \to \Lambda^{n-p} V$$

각 $\alpha, \beta \in \Lambda^p V$, $e_I = e_{i_1} \wedge \cdots \wedge e_{i_p}$, $e_J = e_{j_1} \wedge \cdots \wedge e_{j_p}$에 대하여, $\alpha \wedge * \beta = \langle \alpha, \beta \rangle \mathrm{vol}$ 혹은 $e_I \wedge * e_J = \delta_{IJ} \mathrm{vol}$로 정의한다.

만일 $\alpha = \sum_I a_I e_I$, $\beta = \sum_J b_J e_J \in \Lambda^p V$이면

$$\alpha \wedge * \beta = \sum_{I, J} a_I b_J\, e_I \wedge * e_J$$

$$= \sum_{I,J} a_I b_J \delta_{IJ} \text{ vol}$$

$$= \sum_{I} a_I b_I \text{ vol}$$

이다.

| 정의 7.1.1 | 만일 $\alpha,\ \beta \in \Lambda^p V \otimes \mathbb{C}$,

$\alpha = \sum_I a_I e_I,\ \beta = \sum_J b_J e_J,\ a_I,\ b_J \in \mathbb{C}$이면 $\Lambda^p V \otimes \mathbb{C}$상의

헐미션내적(Hermitian inner product)은

$$\langle \alpha,\ \beta \rangle := \sum_I a_I \overline{b_I}$$

로 정의하고, $\Lambda^p V \otimes \mathbb{C}$상의 **호지스타연산자** $*$는

$$\alpha \wedge * \overline{\beta} := \langle \alpha,\ \beta \rangle \text{ vol}$$

로 정의한다.

다음은 E를 n-차원 복소벡타공간이라 하고, E'를 $2n$차원 실벡타공간 E의 실듀알공간(real dual space)라 하자.

$F = E' \bigotimes_{\mathbb{R}} \mathbb{C}$는 $2n$-차원 복소벡타공간이며, 복소수 값을 갖은 실선형 맵 $E \to \mathbb{C}$들의 집합이다.

$\Lambda F = \sum_{p=0}^{2n} \Lambda^p F$를 F의 **복소외대수**(complex exterior algebra)라 한다.

$\omega \in \Lambda^p F$를 p-폼(form)이라 하고,

$$\overline{\omega}(v_i,\ \cdots,\ v_p) := \overline{\omega(v_1,\ \cdots,\ v_p)},\ v_1,\ \cdots,\ v_p \in E$$

로 정의한다.

$\omega \in \Lambda^p F$가 실폼(real form)이란 $\overline{\omega} = \omega$일 때이다.

주의 (1) 만일 $E = \mathbb{C}^n$이면 $E' = \mathbb{R}^{2n\,*}$이고

$F = \mathbb{R}^{2n\,*} \bigotimes_{\mathbb{R}} \mathbb{C} = \{l : \mathbb{C}^n \to \mathbb{C} : \text{실선형맵}\}$이다.

(2) $\Lambda^p F$의 실폼들의 집합을

$\Lambda_{\mathbb{R}}^p F \cong \Lambda^p E' = \{\omega \in \Lambda^p F \mid \overline{\omega} = \omega\}$로 쓰자.

(3) $\Lambda^{1,0} F = \{l : E \to \mathbb{C} : \text{복소선형맵}\}$,

$\Lambda^{0,1} F = \{l : E \to \mathbb{C} : \text{켤레복소선형맵}\}$이라 하면

$\Lambda^1 F = \Lambda^{1,0} F \oplus \Lambda^{0,1} F$, $\overline{\Lambda^{1,0} F} = \Lambda^{0,1} F$이고

$\Lambda F = \sum_{r=0}^{2n} \Lambda^r F$, $\Lambda^r F = \sum_{p+q=r} \Lambda^{p,q} F$,

$\Lambda^{p,q} F = \Lambda^{p,0} F \wedge \Lambda^{0,q} F$,

$\Lambda^{p,0} F = \Lambda^{1,0} F \wedge \cdots \wedge \Lambda^{1,0} F$이고 $\overline{\Lambda^{p,q} F} = \Lambda^{q,p} F$

이다.

❙정의 7.1.2❙ E를 n-차원 복소벡타공간이라 하자.

(1) E상의 **헐미션내적**(Hermition inner product)란 다음을 만족하는 맵 $h = \langle\, ,\, \rangle : E \times E \to \mathbb{C}$이다:

(i) h가 양의 한정(positive definite)이다.

즉, $h(u, u) > 0$, $u \neq 0$이다.

(ii) h가 세스퀴선형(sesquilinear)이다.

즉, $u, v \in E$, $\lambda \in \mathbb{C}$일 때

$h(\lambda u, v) = \lambda h(u, v)$, $h(u, \lambda v) = \overline{\lambda} h(u, v)$이다.

(iii) h가 헐미션대칭(Hermitian symmetric)이다.

즉, $h(u, v) = \overline{h(v, u)}$, $^\forall u$, $^\forall v \in E$이다.

(2) (E, h)를 n-차원 **복소내적공간**(complex inner product space)라 한다.

n-차원 복소내적공간 (E, h)의 헐미션내적 h를 표현해보자.

$\{z_1, \cdots, z_n\}$을 $\Lambda^{1,0}F$의 기저라 하고 $\{\overline{z_1}, \cdots, \overline{z_n}\}$을 $\Lambda^{0,1}F$의 기저라 하자.

만일 $h(z_\mu, z_\nu) = h_{\mu\nu}$라 하면 $h_{\mu\nu} = \overline{h_{\nu\mu}}$이고

$$\begin{aligned} h &= \sum_{\mu,\nu} h_{\mu\nu} z_\mu \otimes \overline{z_\nu} \\ &= S + iA \end{aligned}$$

이다.

여기서 h의 실수부분 $S = \frac{1}{2}\sum_{\mu,\nu} h_{\mu\nu}(z_\mu \otimes \overline{z_\nu} + \overline{z_\nu} \otimes z_\mu)$은 E상의 유클리트 내적이다.

h의 허수부분 $A = \frac{1}{2i}\sum_{\mu,\nu} h_{\mu\nu}(z_\mu \otimes \overline{z_\nu} - \overline{z_\nu} \otimes z_\mu)$

$= -i\sum_{\mu,\nu} h_{\mu\nu}(z_\mu \wedge \overline{z_\nu})$은 실 2-폼이다.

❙ 정의 7.1.3 ❙ $\Omega = \frac{i}{2}\sum_{\mu,\nu} h_{\mu\nu} z_\mu \wedge \overline{z_\nu}$를 E상에서 h에 대한 **기본2-폼**(fundamental 2-form)이라 한다.

| 정의 및 성질 7.1.4 |

(1) $\Omega = -\frac{1}{2}A = -\frac{1}{2}\operatorname{Im} h$이고,

$h = g + iA = g - 2i\Omega$이다.

(2) $\Omega = \frac{i}{2}\sum_{\mu,\nu} h_{\mu\nu}\, z_\mu \wedge \overline{z_\nu} \in \Lambda_{\mathbb{R}}^{1,1}F,\ \Omega = \overline{\Omega}$이다.

(3) 만일 $\{z_1, \cdots, z_n\}$이 $\Lambda^{1,0}F$의 직교정규기저이면

$h = \sum_\mu z_\mu \otimes \overline{z_\mu}$이다.

만일 $x_\mu = \dfrac{z_\mu + \overline{z_\mu}}{2},\ y_\mu = \dfrac{z_\mu - \overline{z_\mu}}{2i}$라 두면

$h = \sum_\mu (x_\mu \otimes x_\mu + y_\mu \otimes y_\mu) - 2i\sum_\mu x_\mu \wedge y_\mu$이고

$g = \sum_\mu (x_\mu \otimes x_\mu + y_\mu \otimes y_\mu)$,

$\Omega = \sum_\mu x_\mu \wedge y_\mu$이고

$\Omega^n = n!\ x_1 \wedge y_1 \wedge \cdots \wedge x_n \wedge y_n$이다.

n-차원 복소내적공간 (E, h)에 **볼륨폼**(volume form)을

$$\text{vol} = \frac{1}{n!}\Omega^n = x_1 \wedge y_1 \wedge \cdots \wedge x_n \wedge y_n$$

$2n$-실폼($2n$-real form)으로 정의되고, 방향(orientation)이 정해진다.

호지스타연산자(Hodge star operator)

$$* : \Lambda^p F \to \Lambda^{2n-p} F$$

를 복소동형으로 확장하여 정의한다.

(4) $\Lambda^1 F = \Lambda^{1,0}F \oplus \Lambda^{0,1}F$로 분리하면

(i) 각 $v \in \Lambda^1 F$는 $v = \frac{1}{2}(v - iv_i) + \frac{1}{2}(v + iv_i)$로 분리된다.

(ii) 만일 $v \in \Lambda^{1,0}F$이면 $Jv = iv$이고,

(iii) 만일 $v \in \Lambda^{0,1}F$이면 $Jv = -iv$로 정의하자.

(iv) J는 복소외대수 ΛF

$$J : \Lambda F \to \Lambda F$$

로 확장된다.

7.2 복소다양체(Complex Manifolds)

복소내적공간을 이용하여 복소다양체와 성질을 알아보자.

❙ 정의 7.2.1 ❙ n-차원 **복소다양체**(complex manifold)은 다음을 만족하는 M이다:

(1) M은 실 $2n$-차원 미분다양체이다.

(2) **아트라스**(atlas) $\mathscr{U} = \{(U_\alpha, V_\alpha, \varphi_\alpha) \mid \alpha \in I,\ U_\alpha$는 M의 열린집합, V_α는 $\mathbb{C}^n$의 열린집합, $\varphi_\alpha : U_\alpha \to V_\alpha\}$가 존재한다:

(i) $M = \bigcup_{\alpha \in I} U_\alpha$

(ii) $\varphi_\alpha : U_\alpha \to V_\alpha$: 미분동형, $\alpha \in I$

(iii) 만일 $U_\alpha \cap U_\beta \neq \phi$이면

$$\begin{array}{ccc} & U_\alpha \cap U_\beta & \\ {\scriptstyle \varphi_\alpha} \swarrow & & \searrow {\scriptstyle \varphi_\beta} \\ V_{\alpha\beta} = \varphi_\alpha(U_\alpha \cap V_\beta) \subset \mathbb{C}^n & \xrightarrow{\varphi_{\alpha\beta} = \varphi_\beta \circ \varphi_\alpha^{-1}} & V_{\beta\alpha} = \varphi_\beta(U_\alpha \cap V_\beta) \end{array}$$

$\varphi_{\alpha\beta} = \varphi_\beta \circ \varphi_\alpha^{-1}$는 복소동형(biholomorphism)이며

$\varphi_{\alpha\alpha} = I,\ \varphi_{\beta\gamma}\varphi_{\alpha\beta} = \varphi_{\gamma\alpha}$이다.

이때 각 φ_α를 좌표계(coordinate system)이라고 하고,

$\varphi_{\alpha\beta}$를 좌표변환(transition map)이라 한다.

▌정리 7.2.2▐ 복소다양체 M은 **복소구조**(complex structure) J를 갖는다.

(증명) M의 아트라스 $\mathscr{U} = \{\varphi : U \to V$: 좌표계$\}$에서 좌표계를 $p \in U,\ \varphi = (z_1, \cdots, z_n),\ z_k = x_k + iy_k,\ k = 1, \cdots, n$라 하자.

점 p에서 복소구조 J_p를

$$J_p : T_pM = \left\{ \left.\frac{\partial}{\partial x_k}\right|_p, \left.\frac{\partial}{\partial y_k}\right|_p \mid k = 1, \cdots, n \right\} \to T_pM$$

$$J_p\left(\left.\frac{\partial}{\partial x_k}\right|_p\right) = \left.\frac{\partial}{\partial y_k}\right|_p,\quad J_p\left(\left.\frac{\partial}{\partial y_k}\right|_p\right) = -\left.\frac{\partial}{\partial x_k}\right|_p,\quad k = 1, \cdots, n$$

로 정의하자.

좌표계 $\varphi_\alpha : U_\alpha \to V_\alpha$에서 복소구조를 J_α라 하고

$\varphi_\beta : U_\beta \to V_\beta$에서 복소구조를 J_β라 하고

$U_\alpha \cap U_\beta \neq \phi$라고 하자.

정의에 의하여 $\varphi_{\alpha\beta}:(z_1,\cdots,z_n)\mapsto(w_1,\cdots,w_n)$는 복소동형이다.

$z_k=x_k+i\,y_k,\ w_k=u_k+i\,v_k,\ k=1,\cdots,n$라 두면

$$\frac{\partial}{\partial x_k}=\sum_{j=1}\left(\frac{\partial u_j}{\partial x_k}\frac{\partial}{\partial u_j}+\frac{\partial v_j}{\partial x_k}\frac{\partial}{\partial v_j}\right)$$

$$\frac{\partial}{\partial y_k}=\sum_{j=1}\left(\frac{\partial u_j}{\partial y_k}\frac{\partial}{\partial u_j}+\frac{\partial v_j}{\partial y_k}\frac{\partial}{\partial v_j}\right)$$

이며, 코시-리만방정식(Cauchy-Riemann equations)

$$\frac{\partial u_j}{\partial x_k}=\frac{\partial v_j}{\partial y_k},\ \ \frac{\partial u_j}{\partial y_k}=-\frac{\partial v_j}{\partial x_k},\ \ j,k=1,\cdots,n$$

을 이용하면

$$\begin{aligned}J_\beta\frac{\partial}{\partial x_k}&=J_\beta\sum_j\left(\frac{\partial u_j}{\partial x_k}\frac{\partial}{\partial u_j}+\frac{\partial v_j}{\partial x_k}\frac{\partial}{\partial v_j}\right)\\&=\sum_j\left(\frac{\partial u_j}{\partial y_k}\frac{\partial}{\partial u_j}+\frac{\partial v_j}{\partial y_k}\frac{\partial}{\partial v_j}\right)\\&=\frac{\partial}{\partial y_k}=J_\alpha\frac{\partial}{\partial x_k},\end{aligned}$$

$J_\beta\dfrac{\partial}{\partial y_k}=-\dfrac{\partial}{\partial x_k}=J_\alpha\dfrac{\partial}{\partial y_k}$이다.

따라서 $U_\alpha\cap U_\beta$에서 $J_\alpha=J_\beta$이다. ■

다음은 복소다양체에서 복소좌표계와 실좌표계의 관계를 알아보자.

성질 7.2.3

점 $p\in U\subset M$의 근방에서 좌표계를 $(z_1, \cdots, z_n)$, $z_k = x_k + iy_k$, $k=1, \cdots, n$라 하자.

(1) 점 p에서 탄젠트공간은

$$T_pM = \mathbb{R}\left\langle \frac{\partial}{\partial x_k}, \frac{\partial}{\partial y_k} \mid k=1, \cdots, n \right\rangle \text{이고,}$$

$$\begin{aligned} &T_pM\otimes \mathbb{C} \\ &= \mathbb{C}\left\langle \frac{\partial}{\partial x_k} \frac{\partial}{\partial y_k} \mid k=1, \cdots, n \right\rangle \\ &= \mathbb{C}\left\langle \frac{1}{2}\left(\frac{\partial}{\partial x_k} - i\frac{\partial}{\partial y_k}\right) \mid k=1, \cdots, n \right\rangle \oplus \mathbb{C}\left\langle \frac{1}{2}\left(\frac{\partial}{\partial x_k} + i\frac{\partial}{\partial y_k}\right) \right. \\ &\qquad \left. \mid k=1, \cdots, n \right\rangle \\ &= \mathbb{C}\left\langle \frac{\partial}{\partial z_k} \mid k=1, \cdots, n \right\rangle \oplus \mathbb{C}\left\langle \frac{\partial}{\partial \overline{z}_k} \mid k=1, \cdots, n \right\rangle \\ &= T_{1,0}\oplus T_{0,1} \text{이다.} \end{aligned}$$

여기서 $J\left(\frac{\partial}{\partial x_k} - i\frac{\partial}{\partial y_k}\right) = i\left(\frac{\partial}{\partial x_k} - i\frac{\partial}{\partial y_k}\right)$,

$$J\left(\frac{\partial}{\partial x_k} + i\frac{\partial}{\partial y_k}\right) = -i\left(\frac{\partial}{\partial x_k} + i\frac{\partial}{\partial y_k}\right) \text{이고,}$$

$$\frac{\partial}{\partial z_k} = \frac{1}{2}\left(\frac{\partial}{\partial x_k} - i\frac{\partial}{\partial y_k}\right),$$

$$\frac{\partial}{\partial \overline{z}_k} = \frac{1}{2}\left(\frac{\partial}{\partial x_k} + i\frac{\partial}{\partial y_k}\right) \text{이다.}$$

(2) 코탄젠트공간은 점 p에서

$T_p^* M = \mathbb{R}\langle dx_k, dy_k \mid k=1, \cdots, n\rangle$이고,

$$
\begin{aligned}
&T_p^* M \otimes \mathbb{C} \\
&= \mathbb{C}\langle dx_k, dy_k \mid k=1, \cdots, n\rangle \\
&= \mathbb{C}\langle dx_k + i\,dy_k \mid k=1, \cdots, n\rangle \oplus \mathbb{C}\langle dx_k - i\,dy_k \mid k=1, \\
&\quad \cdots, n\rangle \\
&= \mathbb{C}\langle dz_k \mid k=1, \cdots, n\rangle \oplus \mathbb{C}\langle d\overline{z_k} \mid k=1, \cdots, n\rangle \\
&= T^{1,0} \oplus T^{0,1}
\end{aligned}
$$

여기서 $dz_k = dx_k + i\,dy_k$, $d\bar{z} = dx_k - i\,dy_k$, $k=1, \cdots, n$,

$dz_k \circ J = i\,dz_k$, $d\overline{z_k} \circ J = -i\,d\overline{z_k}$이다.

(3) (p, q)-폼 공간은

$$\Omega^{p,q}(U) = \left\{ \sum_{J,K} a_{J,K}\, dz_J \wedge dz_k \mid a_{J,K} : U \to \mathbb{C} \right\}$$

여기서 $J = (j_1, \cdots, j_p)$, $K = (k_1, \cdots, k_q)$이다.

만일 $\alpha = \sum_{J,K} a_{J,K}\, dz_J \wedge d\overline{z_K}$이 (p, q)-폼이면,

$$
\begin{aligned}
d\alpha &= \sum_{J,K} da_{J,K} \wedge dz_J \wedge d\overline{z_K} \\
&= \sum_{J,K} \sum_j \left(\frac{\partial a_{J,K}}{\partial x_j} dx_j + \frac{\partial a_{J,K}}{\partial y_j} dy_j \right) \wedge dz_J \wedge d\overline{z_K} \\
&= \sum_{J,K,j} \left[\frac{1}{2} \left(\frac{\partial a_{J,K}}{\partial x_j} - i \frac{\partial a_{J,K}}{\partial y_j} \right)(dx_j + i\,dy_j) \right. \\
&\quad \left. + \frac{1}{2} \left(\frac{\partial a_{J,K}}{\partial x_j} + i \frac{\partial a_{J,K}}{\partial y_j} \right)(dx_j - i\,dy_j) \right] \wedge dz_J \wedge d\overline{z_K}
\end{aligned}
$$

$$= \sum_{J,K,j}\left(\frac{\partial a_{J,K}}{\partial z_j}dz_j + \frac{\partial a_{J,K}}{\partial \overline{z_j}}d\overline{z_j}\right)\wedge dz_J \wedge d\overline{z_K}$$

$$= \sum_{J,K}\left[\sum_j \frac{\partial z_{J,K}}{\partial z_j}dz_j \wedge dz_J \wedge d\overline{z_K} + \sum_j \frac{\partial a_{J,K}}{\partial \overline{z_j}}d\overline{z_j}\wedge dz_J \wedge d\overline{z_K}\right]$$

$$= \sum_{J,K}(\partial a_{J,K})\wedge dz_J \wedge d\overline{z_K} + \sum_{J,K}(\overline{\partial} a_{J,K})\wedge dz_J \wedge d\overline{z_K}$$

$$= \partial\alpha + \overline{\partial}\alpha$$

$= (\partial + \overline{\partial})\alpha$이다.

여기서 $\partial a_{J,K} = \sum_j \frac{\partial a_{J,K}}{\partial z_j}dz_j$,

$\overline{\partial} a_{J,K} = \sum_j \frac{\partial a_{J,K}}{\partial \overline{z_j}}d\overline{z_j}$이다.

따라서 $d = \partial + \overline{\partial}$이다.

좌표계의 공통부분에서 변수변환을 이용하면 $d = \partial + \overline{\partial}$이 됨으로 $\Omega^{p,q}(M)$상에서 $d = \partial + \overline{\partial}$이다.

(4) 만일 $\alpha \in \Omega^{p,q}(M)$이면

$d\alpha = \partial\alpha + \overline{\partial}\alpha \in \Omega^{p+1,q}(M) \oplus \Omega^{p,q+1}(M)$이다.

또한, $0 = d^2\alpha = (\partial + \overline{\partial})(\partial + \overline{\partial})\alpha$

$$= \partial^2\alpha + (\partial\overline{\partial} + \overline{\partial}\partial)\alpha + \overline{\partial}^2\alpha$$

$$\in \Omega^{p+2,q}(M) \oplus \Omega^{p+1,q+1}(M) \oplus \Omega^{p,q+2}(M)$$

이므로 $\partial^2\alpha = 0$, $(\partial\overline{\partial} + \overline{\partial}\partial)\alpha = 0$, $\overline{\partial}^2\alpha = 0$이다.

따라서 $\overline{\partial}^2 = 0$, $\partial\overline{\partial} + \overline{\partial}\partial = 0$, $\partial^2 = 0$이다.

각 p에서

$$0 \longrightarrow \Omega^{p,0}(M) \xrightarrow{\bar{\partial}} \Omega^{p,1}(M) \xrightarrow{\bar{\partial}} \cdots \xrightarrow{\bar{\partial}} \Omega^{p,n}(M) \longrightarrow 0$$

은 코체인콤플렉스(cochain complex)가 된다.

▎정의 7.2.4▎ n-차원 복소다양체 M에서

$$H^{p,q}(M) = \frac{\mathrm{Ker}\,\bar{\partial} : \Omega^{p,q}(M) \to \Omega^{p,q+1}(M)}{\mathrm{Im}\,\bar{\partial} : \Omega^{p,q-1}(M) \to \Omega^{p,q}(M)},\ p,\ q = 0,\ \cdots,\ n$$

을 $(p,\ q)$-차 **돌보코호몰로지군**(Dolbeault cohomology group)이라 한다.

▎주의 7.2.5▎ (7.2.3)의 (4)에서 코체인콤플렉스

$$\Omega^{p,0}(M) \xrightarrow{\partial} \Omega^{p,1}(M)$$

의 커널 $\mathrm{Ker}(\bar{\partial})$를 홀로모르픽 p-폼(holomorphic p-form) $\mathscr{O}^p(M)$라 하고,

$$0 \longrightarrow \mathscr{O}^p(M) \longrightarrow \Omega^{p,0}(M) \xrightarrow{\bar{\partial}} \Omega^{p,1}(M) \xrightarrow{\bar{\partial}}$$
$$\cdots \xrightarrow{\bar{\partial}} \Omega^{p,n}(M) \longrightarrow 0$$

를 $\mathscr{O}^p(M)$의 분해(resolution)이라 한다.

이때 $H^{p,q}(M) = H^q(M,\ \mathscr{O}^p(M))$라 한다.

7.3 켈러다양체(Kähler Manifolds)

복소벡타공간은 헐미션내적을 가져 복소내적공간이 된다. 복소다양체는 좌표계에서 헐미션메트릭을 국소적으로 갖고, 좌표계와 단위분활(partition of unity)을 이용하여 **헐미션메트릭**(Hermitian metric)을 갖는다.

복소다양체 (M, J)의 헐미션메트릭 h는 국소적으로

$$h = \sum_{\mu, \nu} h_{\mu\nu}(z)\, dz_\mu \wedge d\overline{z_\nu}$$

로 표현된다. 여기서 $h_{\mu\nu}(z) = h\left(\frac{\partial}{\partial z_\mu}, \frac{\partial}{\partial z_\nu}\right)$이고 행렬 $(h_{\mu\nu})$는 **양의한정**(positive definite)이고 **헐미션대칭**(Hermitian symmetric)이다. 즉

$$h(u, u) = {}^t\overline{u}\, h\, u > 0,\ u \in \mathbb{C}^n - \{0\}\text{이고 } (h_{\mu\nu}) = (\overline{h_{\mu\nu}})^t\text{이다.}$$

| 정의 7.3.1 |

(1) 복소다양체 (M, h, J)를 **헐미션복소다양체**(Hermitian complex manifold)라 한다.
이때, $h = g - 2i\Omega$로 나타나며 실수 부분 g는 M의 리만메트릭(Riemannian metric)이고, 허수 부분의

$$\Omega = \frac{i}{2}\sum_{\mu, \nu} h_{\mu\nu}(z)\, dz_\mu \wedge d\overline{z_\nu}$$

는 M의 **기본2-폼**(fundamental 2-form)이다.

(2) 헐미션복소다양체 (M, h, J)에서 $d\Omega = 0$일 때 h를 **켈러메트릭**(Kähler metric), Ω를 **켈러폼**(Kähler form)이라 하고, 켈러메트릭 h를 갖는 (M, h, J)를 **켈러다양체**(Kähler manifold)라 한다.

❙ 주의 7.3.2 ❙

(1) 모든 복소다양체가 켈러인 것은 아니다. 예로는 호프곡면(Hopf surface)이 있다(7.3의 (4)).

(2) 기본2-폼 Ω는 실폼(real form)이다.

왜냐하면, $\overline{\Omega} = -\dfrac{i}{2}\sum_{\mu,\nu}\overline{h_{\mu\nu}}(z)\, d\overline{z_\mu} \wedge dz_\nu$

$$= \frac{i}{2}\sum_{\mu,\nu}\overline{h_{\mu\nu}}(z)\, dz_\nu \wedge d\overline{z_\mu}$$

$$= \frac{i}{2}\sum_{\mu,\nu}h_{\nu\mu}(z)\, dz_\nu \wedge d\overline{z_\mu} = \Omega$$

이기 때문이고, $d\Omega = 0$이므로

$\Omega \in H^{1,1}(M, \mathbb{R}) \subset H^{1,1}(M, \mathbb{C})$이다.

(3) $2n$-폼 $\Omega^n = \Omega \wedge \cdots \wedge \Omega$

$$= n!\left(\frac{i}{2}\right)^n \det(h_{\mu\nu})\, dz_1 \wedge d\overline{z_1} \wedge \cdots \wedge dz_n \wedge d\overline{z_n}$$

이고, $\det(h_{\mu\nu}) \neq 0$이므로

Ω는 비퇴화(nondegenerate)이고, M의 방향(orientation)을 준다.

예 7.3.3

(1) $M=\mathbb{C}^n$에서 좌표계를

$$(z_1, \cdots, z_n),\ z_\mu = x_\mu + iy_\mu,\ \mu = 1, \cdots, n$$

라 하고, $h=\sum_{\mu=1}^{n} dz_\mu \otimes d\overline{z_\mu}$라고 하면 기본2-폼

$$\Omega = \frac{i}{2}\sum_{\mu=1}^{n} dz_\mu \wedge d\overline{z_\mu} = \sum_{\mu=1}^{n} dx_\mu \wedge dy_\mu$$

이다.

$d\Omega = 0$이므로 $(\mathbb{C}^n, h, i)$는 켈러다양체다.

(2) $2n$벡타 $\{w_1, \cdots, w_{2n}\} \subset \mathbb{C}^n$이 $\mathbb{R}$-일차독립이라 하자.

군 $\Gamma = \{n_1 w_1 + \cdots + n_{2n} w_{2n} \mid n_i \in \mathbb{Z},\ i = 1, \cdots, 2n\}$는 $\mathbb{C}^n$에 작용(action)한다. 즉,

$$\Gamma \times \mathbb{C}^n \to \mathbb{C}^n,\ (v, z) \mapsto v + z$$

평행이동으로 작용한다.

사영맵 $\pi : \mathbb{C}^n \to \mathbb{C}^n/\Gamma,\ z \mapsto z + \Gamma = [z]$

은 피복맵(covering map)이고, 국소복소동형(local biholomorphism)이다.

$\mathbb{C}^n/\Gamma$상의 메트릭 $\tilde{h}$를

$$\tilde{h} = (\pi^{-1})^* h,\ \tilde{h}(v_1, v_2) = h(d\pi^{-1} v_1, d\pi^{-1} v_2)$$

정의하면, $\mathbb{C}^n/\Gamma$상의 기본2-폼 $\tilde{\Omega}$는 $\tilde{\Omega} = (\pi^{-1})^* \Omega$이고 $d\tilde{\Omega} = d(\pi^{-1})^* \Omega = (\pi^{-1})^* d\Omega = 0$이다.

따라서 $\tilde{h}$는 $\mathbb{C}^n/\Gamma$의 켈러메트릭, $\tilde{\Omega}$는 켈러폼이 되고, $(\mathbb{C}^n/\Gamma,\ \tilde{h},\ J)$는 켈러다양체이다.

여기서 $J=\pi^{-1*}i$는 $\mathbb{C}^n/\Gamma$의 복소구조이다.

$(\mathbb{C}^n/\Gamma,\ \tilde{h},\ J)$를 **복소토러스**(complex torus)라 한다.

(3) M을 복소다양체라 하자. 스므스맵

$f: M\to\mathbb{R}$이 각 좌표계 $(U,\ z_1,\ \cdots,\ z_n)$에서 행렬식 $\left(\dfrac{\partial^2 f}{\partial z_\mu \partial \bar{z}_\nu}(p)\right)$이 양의한정(positive definite)이면 $\Omega=\dfrac{i}{2}\partial\bar{\partial}f$

는 켈러폼이다.

이때 f를 **켈러포텐셜**(Kähler potential)이라 한다.

따라서 M은 켈러다양체다. 예를 들면,

n-차원 복소사영공간(complex projective space)

$$
\begin{aligned}
&\mathbb{CP}^n\\
&=\{[z_0,\ \cdots,\ z_n]\mid(z_0,\ \cdots,\ z_n)\in\mathbb{C}^{n+1},\ (z_0,\ \cdots,\ z_n)\\
&\quad\sim\lambda(z_0,\ \cdots,\ z_n)\quad \lambda\in\mathbb{C}-\{0\}\}\\
&=\mathbb{CP}^{n-1}\bigcup_{S^{2n-1}} D^{2n}\\
&=\bigcup_{i=0}^{n}U_i,\ \ U_i=\{[z_0,\ \cdots,\ z_{i-1},\ 1,\ z_{i+1},\ \cdots,\ z_n]\}\simeq\mathbb{C}^n
\end{aligned}
$$

의 열린집합 $U_0=\{[1,\ z_1,\ \cdots,\ z_n]\}\simeq\mathbb{C}^n$에서

$f:\ U_0\to\mathbb{R},\ f(z)=\log(|z|^2+1)$이라 하자.

$$
\Omega=\frac{i}{2}\partial\bar{\partial}f(z)=\frac{i}{2}\partial\bar{\partial}\log(|z|^2+1)
$$

$$= \frac{i}{2} \frac{(1+|z|^2)\sum_{j=1}^{n} dz_j \wedge d\overline{z_j} - \sum_{j,k} \overline{z_j} z_k dz_j \wedge d\overline{z_k}}{(1+|z|^2)^2}$$

$$= \frac{i}{2} \sum_{j,k} h_{jk}(z)\, dz_j \wedge d\overline{z_k}$$

여기서 $h_{jk}(z) = \left[(1+|z|^2)\delta_{jk} - \overline{z_j} z_k \right] / (1+|z|^2)^2$이다.

$n \times n$ 행렬 $(h_{jk}(z))$는 양의한정, 헐미션대칭이며 Ω는 비퇴화 닫힌 2-폼이다.

$h = \sum_{j,k} h_{jk}(z)\, dz_j \otimes d\overline{z_k}$를 **푸비니-스터디메트릭**(Fubini-Study metric)이라 한다.

따라서 $(\mathbb{CP}^n, h)$는 켈러다양체다.

(4) n-차원 복소사영공간 $\mathbb{CP}^n$의 초곡면(hypersurface)

$$A^d = \left\{ [z_0, \cdots, z_n] \in \mathbb{CP}^n \mid z_0^d + \cdots + z_n^d = 0 \right\}$$

의 위상성질을 알아보자.

복소사영라인 $\hat{x} \simeq \mathbb{CP}^1 \in H_2(\mathbb{CP}^n, \mathbb{Z})$을 표준생성원(standard generator)이라 하고 그에 대응되는 코호몰로지클래스를 $x \in H^2(\mathbb{CP}^n, \mathbb{Z})$라 하자. 즉, $\langle \hat{x}, x \rangle = 1$이다.

초공간(hypersurface) A^d는 단순연결이고 $A^d \sim d\hat{x}^{n-1} \in H_{2n-2}(\mathbb{CP}^n, \mathbb{Z})$가 된다. 또한 전천클래스

$$c(T\mathbb{CP}^n) = (1+x)^{n+1} = \sum_{k=0}^{n} {}_{n+1}C_k\, x^k$$

이고,

A^d의 노말번들(normal bundle)을 $A^{\perp}$라 하면

$c(A^{\perp})=1+dx$이고, 이의 듀알번들 $(A^{\perp})^{-1}$은

$$c((A^{\perp})^{-1})=\frac{1}{1+dx}=1-dx+d^2x^2-\cdots+(-1)^n d^n x^n$$

이고, A^d의 탄젠트번들

$$\begin{aligned}c(TA^d)&=c(T\mathbb{CP}^n\oplus(A^{\perp})^{-1})\\&=\left[\sum_{k=1}^{n}{}_{n+1}\mathrm{C}_k\,x^k\right]\left[\sum_{k=0}^{n}(-dx)^k\right]\\&=1+(-d+n+1)x+\left[{}_{n+1}\mathrm{C}_2-d\,{}_{n+1}\mathrm{C}_1+d^2\right]x^2\\&\quad+\cdots+\left[\sum_{i=0}^{n-1}(-d)^i\,{}_{n+1}\mathrm{C}_{n-1-i}\right]x^{n-1}\end{aligned}$$

이다.

따라서 오일러클래스는

$$\begin{aligned}c_{n-1}&=e(TA^d)\\&=\left(\sum_{i=0}^{n-1}(-d)^i\,{}_{n+1}\mathrm{C}_{n-1-i}\right)x^{n-1}\in H_{2n-2}(A^d,\mathbb{Z})\end{aligned}$$

이다.

$c_1(TA^d)=(-d+n+1)x$이므로 $d\equiv n+1 \mod 2$이면 A^d는 스핀다양체(spin manifold)이다.

A^d의 오일러케렉터리스틱

$$\begin{aligned}\chi(A^d)&=\langle e(TA^d),\ [A^d]\rangle\\&=\left\langle\left(\sum_{n=0}^{n-1}(-d)^i\,{}_{n+1}\mathrm{C}_{n-1-i}\right)x^{n-1},\ d\hat{x}^{n-1}\right\rangle\end{aligned}$$

$$= \sum_{i=0}^{n-1} (-1)^i d^{i+1} {}_{n+1}\mathrm{C}_{n-1-i}$$

$$= d\, {}_{n+1}\mathrm{C}_{n-1} - d^2\, {}_{n+1}\mathrm{C}_{n-2} + \cdots +$$

$$(-1)^{n-1} d^n\, {}_{n+1}\mathrm{C}_0$$

$\left(= d(1-d)^{n+1} / \langle d^{n+1} \rangle\right)$이다.

| 정의 7.3.4 | 콤팩트 켈러다양체 상의 **라플라스연산자**(Laplacian Operator)를 $\triangle = dd^* + d^* d$, $\square = \partial\partial^* + \partial^* \partial$, $\overline{\square} = \bar{\partial}\bar{\partial}^* + \bar{\partial}^* \bar{\partial}$로 정의한다.

| 정리 7.3.5 | 콤팩트 켈러다양에 M상에서

(1) $\triangle = 2\square = 2\overline{\square}$

(2) $\triangle, \square, \overline{\square} : \Omega^{p,q}(M) \to \Omega^{p,q}(M)$은 (p, q)타입을 유지한다.

| 정리 7.3.6 | 켈러다양체의 코호몰로지 호지분리(Hodge decomposition on compact Kähler manifold)

M이 콤팩트 켈러다양체이면,

(1) 호지분리(Hodge decomposion) :

$$H^k(M, \mathbb{C}) = \sum_{p+q=k} H^{p,q}(M),$$

(2) 호지대칭성질(Hodge symmetry property) :

$\overline{H}^{p,q}(M) = H^{q,p}(M)$을 만족한다.

(증명) 하모닉 코호몰로지군

$\mathbb{H}^k(M, \mathbb{C}) = \{\omega \in \Omega^k(M, \mathbb{C}) \mid \Delta\omega = 0\}$라 하면

$\Omega^k(M) = \text{Im}\, d \oplus \text{Im}\, d^* \oplus \mathbb{H}^k(M)$, $\mathbb{H}^k(M) \simeq H^k(M)$, $\mathbb{H}^{p,q}(M) \simeq H^{p,q}(M)$이다. 여기서 $\mathbb{H}^k(M)$은 M사의 하모닉 k-폼들의 군이다.

$\Delta = 2\overline{\square}$이므로 각 $\omega \in \mathbb{H}^k(M, \mathbb{C})$에 대하여 $\omega = \omega^{k,0} + \omega^{k-1,1} + \cdots + \omega^{0,k}$라 하자.

$$0 = \Delta\omega = 2\overline{\square}\omega = 2\left[\overline{\square}\omega^{k,0} + \overline{\square}\omega^{k-1,1} + \cdots + \overline{\square}\omega^{0,k}\right]$$

이므로 $\overline{\square}\omega^{k,0} = \cdots = \overline{\square}\omega^{0,k} = 0$이다.

맵 $\mathbb{H}^k(M, \mathbb{C}) \to \sum_{p+q=k} \mathbb{H}^{p,q}(M)$,

$$\omega \mapsto (\omega^{k,0}, \cdots, \omega^{p,q}, \cdots, \omega^{k,0})$$

은 단사이고, 각 $\tau \in \mathbb{H}^{p,q}(M)$에 대하여 $\Delta\tau = 2\overline{\square}\tau = 0$이므로 $\tau \in \mathbb{H}^k(M, \mathbb{C})$이고 전사이다. ■

| 정리 7.3.7 | 콤팩트 켈러다양체 M에 대하여

(1) $b_k(M) = \sum_{p+q=k} h^{p,q}(M)$, 여기서 $h^{p,q}(M) = \dim H^{p,q}(M)$

이고,

(2) $h^{p,q}(M) = h^{q,p}(M)$,

(3) k가 홀수이면 $b_k(M)$은 짝수이다.

(4) k가 짝수이면 $b_k(M) > 0$이다.

(증명) (1)과 (2)는 정리 7.3.6에 의해서 자명하다.

(3)은 (2)에 의해서

$b_{2k-1}(M)$

$= h^{0,2k-1}(M) + h^{1,2k-2}(M) + \cdots + h^{2k-2,1}(M) + h^{2k-1,0}(M)$

$= 2\left[h^{0,\,2k-1}(M) + \cdots + h^{k-1,\,k}(M)\right]$

는 짝수다.

(4) 기본2-형식 ω에 대하여

$\omega^k \in H^{2k}(M\,;\,\mathbb{C})$은 0이 아니다. ■

| 정리 7.3.8 | 콤팩트 켈러다양체의 호지 다이아몬드(Hodge Diamond)

$$
\begin{array}{ccccc}
 & & h^{n,\,n} & & \\
 & h^{n,\,n-1} & & h^{n-1,\,n} & \\
h^{n,\,n-2} & & h^{n-1,\,n-1} & & h^{n-2,\,n} \\
 & & \vdots & & \\
h^{2,\,0} & & h^{1,\,1} & & h^{0,\,2} \\
 & h^{1,\,0} & & h^{0,\,1} & \\
 & & h^{0,\,0} & &
\end{array}
$$

(i) $h^{p,\,q} = h^{q,\,p}$: 호지대칭(Hodge symmetry),

(ii) $h^{p,\,q} = h^{n-p,\,n-q}$: 세레듀알(Serre duality),

(iii) $h^{p,\,p} \neq 0,\ p = 0,\,1,\,\cdots,\,n$.

예 7.3.9

(1) 지너스 g 커브 C (curve of genus g)의 호지 다이아몬드:

$$
\begin{array}{ccc}
 & 1 & \\
g & & g \\
 & 1 &
\end{array}
$$

(2) $K3$ 곡면($K3$ surface)

$\{[z_0, z_1, z_2, z_3] \in \mathbb{CP}^3 \mid z_0^4 + z_1^4 + z_2^4 + z_3^4 = 0\}$의

호지 다이아몬드:

$$
\begin{array}{ccccc}
 & & 1 & & \\
 & 0 & & 0 & \\
1 & & 20 & & 1 \\
 & 0 & & 0 & \\
 & & 1 & &
\end{array}
$$

(3) n차원 복소사영공간(n-dimensional complex projective space) $\mathbb{CP}^n$의 호지 다이아몬드:

$$
\begin{array}{ccccccc}
 & & & 1 & & & \\
 & & 0 & & 0 & & \\
 & 0 & & 1 & & 0 & \\
 & & & \vdots & & & \\
0 & \cdots & 0 & 1 & 0 & \cdots & 0 \\
 & & & \vdots & & & \\
 & 0 & & 1 & & 0 & \\
 & & 0 & & 0 & & \\
 & & & 1 & & &
\end{array}
$$

$h^{p,p} = 1,\ p = 0, \cdots, n,$

$h^{p,q} = 0,\ p \neq q$

이다.

7.4 호지다양체(Hodge Manifolds)

켈러다양체 (M, h)의 기본2-폼 Ω는 닫혀있는 (1,1)-형실폼 ((1,1)-type real form)이다. 코호몰로지클래스로서 $[\Omega] \in H^{1,1}(M, \mathbb{R}) \subset H^2(M, \mathbb{R}) \subset H^2(M, \mathbb{C})$이다.

| 정의 7.4.1 | 켈러다양체 M의 기본2-폼인 켈러폼 Ω가 **정수클래스**(integral class) $[\Omega] \in H^{1,1}(M, \mathbb{Z}) \subset H^2(M, \mathbb{Z})$이면 Ω를 **호지폼**(Hodge form)이라 하고, M을 **호지다양체**(Hodge manifold)라 한다.

| 정리 7.4.2 | **초우정리(Chow Theorem)**

$\mathbb{CP}^n$의 콤팩트 복소부분다양체는 대수적(algebraic)이다.
즉, 여차원 k인 복소부분다양체는 k개의 독립인 동차다항식의 공통근들의 집합이다. ■

| 정리 7.4.3 | **고다이라정리(Kodaira Theorem)**

콤팩트 복소다양체가 사영대수적(projective algebraic)일 필요충분조건은 M이 호지다양체이다.
여기서 **대수다양체**(algebraic manifold)란 대수버라어티(algebraic variety), 즉, 다항식의 근들의 집합을 의미한다. ■

| 7.4.4 | **호지추측(Hodge Conjecture)**

M이 콤팩트호지다양체이면, 코호몰로지클래스 $\alpha \in H^{p,p}(M) \cap$

$H^{2p}(M, \mathbb{Q})$는 대수사이클(algebraic cycle)들의 유리수 선형결합 (rational linear combination)이다.

예 7.4.5

(1) 짝수 차원 미분다양체에는 **준복소구조**(almost complex structure)를 갖는 것도 있고, 갖지 않은 것도 있다.

S^4, S^{2n} $(n > 3)$은 준복소구조를 갖지 않는다.

S^6는 준복소구조를 갖지만 복소다양체인지는 모른다.

S^2는 호지다양체이다.

(2) **고다이라-썰스톤**(Kodaira-Thurston)의 예:

$\mathbb{R}^4$상의 맵 $\alpha_1(x_1, x_2, y_1, y_2) = (x_1, x_2+1, y_1, y_2)$,

$$\alpha_2(x_1, x_2, y_1, y_2) = (x_1, x_2, y_1, y_2+1)$$

$$\alpha_3(x_1, x_2, y_1, y_2) = (x_1+1, x_2, y_1, y_2)$$

$$\alpha_4(x_1, x_2, y_1, y_2) = (x_1, x_2+y_2, y_1+1, y_2)$$

에 의해서 생성된 군을 $\Gamma = \langle \alpha_1, \alpha_2, \alpha_3, \alpha_4 \rangle$라 하자.

상공간 $\mathbb{R}^4/\Gamma$은 복소다양체이며, 기본군은

$$\pi_1(\mathbb{R}^4/\Gamma) = \Gamma, \ H_1(\mathbb{R}^4/\Gamma, \mathbb{Z}) = \frac{\Gamma}{[\Gamma, \Gamma]} = \mathbb{Z}^3$$

이므로 $\mathbb{R}^4/\Gamma$는 켈러다양체는 아니다.

(3) **호프곡면**(Hopf surface) $S^1 \times S^3$는 복소다양체이지만 심플렉틱다양체는 아니다.

(4) 토러스 상에 S^1-번들 상의 S^1-번들 M

$$\begin{array}{ccccc} S^1 & & S^1 & & \\ \downarrow & & \downarrow & & \\ M & \to & X & \to & S^1 \times S^1 \end{array}$$

중에 심플렉틱다양체이지만 복소다양체가 아닌 예가 있다.

(5) $\mathbb{CP}^2 \# \mathbb{CP}^2 \# \mathbb{CP}^2$는 **준복소다양체**(almost complex manifold)이지만, 복소다양체는 아니고(고다이라(Kodaira)), 심플렉틱다양체도 아니다(타우브스(Taubes)).

(6) G를 임의의 유한표현군(finitely generated group)이라 하면, G를 기본군으로 하는 사차원 콤팩트 심플렉틱다양체 M이 존재한다. 즉, $\pi_1(M) = G$이다.

따라서 심플렉틱이지만 켈러가 아닌 예가 무수히 존재한다. (검프(Gompf))

(7) 콤팩트 리만곡면은 복소다양체, 심플렉틱, 켈러다양체이다.

(8) 복소사영공간 $\mathbb{CP}^n$의 대수부분다양체는 호지다양체이다. 그러나 콤팩트 복소토러스 중에는 켈러다양체이지만 호지다양체가 아닌 예가 있다.

예를 들면, $\mathbb{C}^2$상에 $\Gamma = \begin{bmatrix} 1 & 0 & \sqrt{2}i & \sqrt{5}i \\ 0 & 1 & \sqrt{3}i & \sqrt{7}i \end{bmatrix}$의 작용에 의한 복소토러스 $M = \mathbb{C}^2/\Gamma$는 켈러이지만 호지는 아니다. 왜냐하면 Γ는 리만행렬(Riemann matrix)가 아니기 때문이다. 사실 M이 호지일 필요충분조건은 Γ이 리만행렬이다.

(9) Λ를 $\mathbb{C}^n$상의 라티스(lattice)로서 2-폼 ω는

$$\omega : \wedge^2 \Lambda \to \mathbb{Q},\ \omega(JX, JY) = \omega(X, Y)\text{이고,}$$

$X \neq 0$이면 $\omega(X, JX) > 0$이다. 이때 $M = \mathbb{C}^n / \Lambda$는 **아벨버라이어티**(abelian variety)이 된다.

또한 $\Lambda = \pi_1(M) = H_1(M; \mathbb{Z}),\ H_1(M; \mathbb{C}) = T_o M = \mathbb{C}^n$이며, 매장 $i : M \hookrightarrow \mathbb{CP}^n$은 켈러폼 $\omega = c_1(i^* \mathscr{O}(1))$을 유도한다.

따라서 M은 호지다양체이다.

7.5 호지추측(Hodge Conjecture)

호지추측에 대하여 좀 더 알아보자.

M이 콤팩트 연결 호지다양체이면, 정리 7.3.6에 의하여 호지분리

$$H^{2k}(M, \mathbb{C}) = \sum_{p+q=2k} H^{p,q}(M),\ \ \overline{H^{p,q}}(M) = H^{q,p}(M)$$

가 된다. 만일 $A^{2k}(M, \mathbb{Q})$를 유리수를 계수로 갖는 M상의 복소 k-여차원(codimension)을 갖는 M의 대수부분다양체(algebraic subvariety)들의 군이라 하고,

$$Hdg^{2k}(M, \mathbb{Q}) = H^{k,k}(M) \cap H^{2k}(M, \mathbb{Q})$$

를 $2k$차원 호지클래스(Hodge class)들의 군이라 하자. 포앙카레 듀알에 의해 맵이 정의된다. 이때 호지추측 7.4.4는 다음과 같다.

▎7.5.1▎ 호지추측(Hodge Conjecture)

맵

$$\Psi : A^{2k}(M, \mathbb{Q}) \to Hdg^{2k}(M, \mathbb{Q}), \ Z \mapsto \Psi(Z) = [Z]$$

이 정의된다. 이때 호지추측 7.4.4는 맵 Ψ이 전사(surjection)을 의미한다. ■

호지추측은 대수기하학 측면에서 대수클래스(algebraic class)인 k-여차 대수부분다양체(algebraic subvariety)와 복소위상수학 측면에서 호지클래스(Hodge class)인 드람클래스 (k, k)-폼 사이 관계이다. 즉, 이들은 호지다양체에서 같다는 것이다.

▎반례 7.5.2▎ 아티야-힐저브르크(Atiyah-Hirzebruch)는 대수사이클과 대수벡타번들을 이용하여 정수계수(integer coefficient)의 원소 $H^{p,p}(M, \mathbb{Z})$는 대수사이클의 정수계수로 나타낼 수 없음을 보였다. 따라서 호지추측에서 유리수계수(rational coefficient)를 정수계수로 할 수 없다.

▎반례 7.5.3▎ 주커(Zucker)는 호지가 아닌 켈러 복소토러스(complex torus)의 반례로 호지다양체를 켈러다양체로 확대할 수 없음을 보였다. 따라서 호지추측은 호지다양체에서 유리수계수의 코호몰로지에서 고려되어야 한다.

다음은 사영복소다양체 M에서 $Hdg^{2k}(M, \mathbb{Q})$은 M의 여차원 k인 닫힌 대수부분다양체들의 $\mathbb{Q}$계수로 생성된다는 호지추측의 쉬

운 경우를 알아보자.

주의 (1) 복소여차원 k 부분다양체의 일차결합

$Z = \sum \alpha_i Z_i,\ \alpha_i \in \mathbb{Q},\ Z_i \in H_{2n-2k}(M, \mathbb{Z})$

의 대수클래스 $[Z] = \sum \alpha_i [Z_i] \in A^{2k}(M, \mathbb{Q})$는

$Hdg^{2k}(M, \mathbb{Q})$의 원소이다.

즉, $A^{2k}(M, \mathbb{Q}) \subset Hdg^{2k}(M, \mathbb{Q})$이다.

(2) $H^0(M, \mathbb{Q}) = Hdg^0(M, \mathbb{Q}) = \mathbb{Q}([X]) = A^0(M, \mathbb{Q})$ 이다.

(3) $H^{2n}(M, \mathbb{Q}) = Hdg^{2n}(M, \mathbb{Q}) = \mathbb{Q}[\mathrm{pt}] = A^{2n}(M, \mathbb{Q})$ 이다.

| 정리 7.5.4 | 러프셔츠정리(Lefschetz Theorem)

만일 M이 복소사영다양체고 $\alpha \in Hdg^2(M, \mathbb{Z})$이면, α는 M의 초곡면(hypersurface) D의 정수계수의 $([D] \in H^2(M, \mathbb{Z}))$의 결합이다.

증명 완전열(exact sequence)

$$0 \to \mathbb{Z} \xrightarrow{2\pi i\ \cdot} \mathscr{O}_M \xrightarrow{\exp} \mathscr{O}_M^* \to 1$$

로부터 M의 코호몰로지 긴완전열

$$\cdots \to H^1(M, \mathscr{O}_M^*) \xrightarrow{c_1} H^2(M, \mathbb{Z}) \xrightarrow{2\pi i\ \cdot} H^2(M, \mathscr{O}_M) \to \cdots$$

을 얻는다. 여기서 $\mathscr{O}_M$은 홀로모르픽함수의 쉽(sheaf)이고, $\mathscr{O}_M^*$

은 역가능(invertible) 홀로모르픽함수의 쉽이고, 체크코호몰로지(Čech cohomology)에 의하여 피카드군(Picard group) $H^1(M, \mathscr{O}_M^*)$은 M상의 홀로모르픽라인번들(holomorphic line bundle)의 군과 동일시 할 수 있다. 또한

$$\begin{array}{ccc} H^2(M, \mathbb{Z}) & \xrightarrow{(2\pi i\,\cdot\,)_*} & H^2(M, \mathscr{O}_M) \\ \downarrow 2\pi i\,\cdot & & \| \\ H^2(M, \mathbb{C}) & \xrightarrow{proj.} H^{0,2}(M) \simeq & H^2(M, \mathscr{O}_M) \end{array}$$

이 교환이고, $\alpha \in \mathrm{Ker}(2\pi i_*) \subset H^2(M, \mathbb{Z})$

$$\Leftrightarrow \alpha^{0,2} = 0 \Leftrightarrow \alpha = \alpha^{1,1}$$

이므로 $\alpha = \alpha^{1,1} \in H^{1,1}(M, \mathbb{Z})$이고 홀로모르픽라인번들 $L \in H^1(M, \mathscr{O}_M^*)$이 존재하여 $c_1(L) = \alpha$이다.

M이 호지다양체이므로 세레-가가(Serre-GAGA) 정리에 의하여 홀로모르픽라인번들과 대수적라인번들이 같다.

제로섹션(zero section)에 횡단하는 L의 메로모르픽섹션(meromorphic section) σ을 택하면, σ의 디바이저 $D_\sigma = \sigma^{-1}(0)$는 M의 초곡면(hypersurface) 되고 $[D_\sigma] = c_1(L)$이 된다. ■

| 정리 7.5.5 | M이 n차원 복소사영 다양체이고 $\alpha \in Hdg^{2n-2}(M)$이면, α는 M상의 커브 C들의 대수클래스 $[C] \in H^{2n-2}(M, \mathbb{Z})$의 유리계수의 일차결합이다.

(증명) 먼저 M상에 베리앰플라인번들(very ample line bundle) $L \to M$을 택하자. 천클래스 $l := c_1(L) \in H^{1,1}(M, \mathbb{Z})$이고 러

프셔츠동형(Lefschetz isomorphism)

$$l^{n-2}\cup \; : \; H^2(M,\mathbb{Q}) \to H^{2n-2}(M,\mathbb{Q}),$$
$$\beta \mapsto l^{n-2}\cup\beta$$

은 호지군 $l^{n-2}\cup \; : \; H^{1,1}(M,\mathbb{Q}) \to H^{n-1,n-1}(M,\mathbb{Q})$에서도 동형이다. 정리 7.5.4에 의하여 β는 M의 초곡면인 디바이저(divisor) $D=\sum b_i D_i$ 클래스로 나타난다.

또한 $L \to M$이 베리앰플라인번들이므로 L에 서로 독립인 $n-2$개의 섹센의 디바이저 $A_1, \cdots, A_{n-2}$의 교집합을 $A = A_1 \cap \cdots \cap A_{n-2}$라 하면, $l^{n-2}\cup\beta = \sum b_i\left[D_i \cap A\right]$가 된다. 여기서 $D_i \cap A$는 M상의 커브이다.

따라서 $(2n-2)$차원에서 호지추측은 성립한다. ■

예 7.5.6

다음은 호지클래스를 구성해보자.

(1) M을 n차원 복소사영다양체라 하자.

각 정수 k에 대하여, 포앙카레듀알(Poincaré dual)에 의하여

$$\mathrm{End}\left(H^k(M,\mathbb{Q})\right) \simeq H^{2n-k}(M,\mathbb{Q}) \otimes H^k(M,\mathbb{Q})$$
$$\subset H^{2n}(M\times M,\mathbb{Q})$$

이다. 특히 항등원 $\delta_k \in \mathrm{End}(H^k(M,\mathbb{Q}))$는 호지구조의 모르피즘(morphism)이다. 여기서 모르피즘은 호지구조를 유지하는 준동형을 의미한다.

따라서

$$\delta_k \in Hdg^{2n}(X \times X,\ \mathbb{Q})$$

는 호지류이고,

$$\sum_k \delta_k = I \in \mathrm{End}(H^*(M,\ \mathbb{Q}))$$

이며, 이는 대각 $\Delta_M \subset M \times M$의 대수클래스(algebraic class)이다.

여기서 $\sum_k \delta_k$는 대수클래스이나 각 호지클래스 δ_k는 대수클래스인지 알려지지 않았다. δ_k를 M의 대각류의 퀴네스성분(Künneth component)라 한다. 아벨 버라이어티와 사영복소다양체의 완전교차(smooth complete intersection)에서 퀴니스성분이 대수적(algebraic)임이 알려져 있다.

(2) A가 아벨버라이어티이면 아벨군이므로 곱

$$\mu_l : A \to A,\ a \mapsto la$$

은 코호몰로지에서 $\mu_l^* = l^k \cdot id \in \mathrm{End}(H^k(A,\ \mathbb{Q}))$이고 A의 퀴니스성분 δ_k는 μ_l의 그래프 Γ_l의 일차결합이다.

(3) n차원 호지다양체상의 베리엠플라인번들 $L \to M$의 천클래스 $c_1(L) = l$이라 하자.

러프셔츠맵

$$l^{n-k} \cup : H^k(M,\ \mathbb{Q}) \to H^{2n-k}(M,\ \mathbb{Q})$$

는 모든 k에 대하여 동형이다.

$V_1, \cdots, V_{n-k}$를 L의 라인시스템(linear system)에 대한 일

반 초곡면이라 하면 $V = V_1 \cap \cdots \cap V_{n-k}$의 호지클래스 $[V] = l^{n-k}$이고 $[i_{\Delta *} V] \in H^{4n-2k}(M \times M, \mathbb{Q})$이며 $H^*(M, \mathbb{Q})$상에서 $l^{n-k} \cup$로서 작용한다.
여기서 $i_{\Delta *} Z$는 $M \simeq \Delta_M \subset M \times M$의 부분공간으로 생각한다. 또한 러프셔츠맵의 역

$$\lambda_{n-k} : H^{2n-k}(M, \mathbb{Q}) \to H^k(M, \mathbb{Q})$$

는 호지구조에 대한 모르피즘이므로 $M \times M$에서 호지클래스이다. ■

▌정리 7.5.7▐ 만일 M이 아벨버라이어티 이면 $M \times M$상에 여차원 k인 사이클 $Z \subset M \times M$이 존재하여
$[Z]^* : H^{2n-k}(M, \mathbb{Q}) \to H^k(M, \mathbb{Q})$이고,
$[Z]^* = \lambda_{n-k}$이 된다.

(증명(힌트)) M이 아벨버라이어티이므로 덧셈

$$s : M \times M \to M, \ s(x, y) = x + y,$$

이 있고, 라인번들 $L \to M$이 존재한다. 라인번들

$P = s^*(L) \to M \times M$의 천클래스 $l = c_1(P) \in Hdg^2(M \times M)$

는 대수클래스이고, $l^k \in Hdg^{2k}(M \times M)$도 대수클래스이다. ■

7.6 러프셔츠분리(Lefschetz Decomposition)

호지다양체 M에서 호지분리(Hodge decomposition)을 더 잘게 분리한 러프셔츠분리(Lefschetz decomposition)을 통해서 호지추측에 관련된 내용을 소개하고자 한다.

| 정의 7.6.1 |

(1) H가 웨이트 k를 갖은 **유리호지구조**(rational Hodge structure with weight k)란 유한차원 $\mathbb{Q}$ 벡타공간 H로서 H의 복소화는

$$H_{\mathbb{C}} := H \bigotimes_{\mathbb{Q}} \mathbb{C} = \bigoplus_{p+q=k} H^{p,q}$$

로 분리(decomposition)된다. 여기서 $H^{p,q} \subset H_{\mathbb{C}}$는 복소벡타 부분공간이며 호지대칭조건(Hodge symmetry condition)

$$\overline{H^{p,q}} = H^{q,p}$$

를 만족한다.

(2) H를 웨이트(weight) k인 유리호지구조라 하자. H상의 **폴라화**(polarization)은 비퇴화 교차폼

$$(\ ,\ ) : H \times H \to \mathbb{Q}$$

으로서 $(\alpha, \beta) = \begin{cases} (\beta, \alpha) & \text{만일 } k\text{가 짝수,} \\ -(\beta, \alpha) & \text{만일 } k\text{가 홀수,} \end{cases}$

이며, $H_{\mathbb{C}} = H \otimes \mathbb{C}$상에서 **호지-리만 쌍선형 관계**(Hodge-Riemann bilinear relations) :

(i) $(\alpha, \overline{\beta})=0,\ \alpha \in H^{p,q},\ \beta \in H^{p',q'},\ (p,q) \neq (p',q')$,

(ii) $i^k(-1)^p(\alpha, \overline{\alpha}) > 0,\ \alpha \in H^{p,q},\ \alpha \neq 0$

을 만족한다.

여기서 (,)를 H와 $H_{\mathbb{C}}$에 같이 썼다. (ii)에서 $i^k(-1)^p$는 호지스타연산자로부터 왔다.

| 보조정리 7.6.2 |

H를 폴라화된 유리호지구조라 하자.

$H' \subset H$를 부분호지구조라 하면, 부분호지구조 $H'' \subset H$가 존재하여 $H \simeq H' \oplus H''$이 호지구조로서 동형이 된다. ■

M을 n-차원 호지다양체라 하자.

호지구조 $H^k(X, \mathbb{Q})$ 상에 폴라화를 구성하자.

$l \in H^2(M, \mathbb{Q})$를 M상의 앰플라인번들(ample line bundle) $L \to M$의 천류 $c_1(L) = l$이라 하자.

| 정리 7.6.3 | 어려운 러프셔츠정리

(Hard Lefschetz Theorem)

러프셔츠 맵 $l^{n-k} \cup : H^k(M, \mathbb{Q}) \to H^{2n-k}(M, \mathbb{Q})$, $\alpha \mapsto l^{n-k} \cup \alpha$는 호지구조를 유지하는 동형이다. ■

$k \leq n$에 대하여, 맵(pairing map)

$$(\ , \ )_l : H^k(M, \mathbb{Q}) \times H^k(M, \mathbb{Q}) \to \mathbb{Q},$$

$$(\alpha\,,\,\beta)_l = \int_M l^{n-k} \cup \alpha \cup \beta$$

은 비퇴화교차 폼으로서 (7.6.1)의 (2)의 (i)은 만족하지만 (ii)는 만족하지 못한다.

| 정의·정리 7.6.4 | 러프셔츠분리 정리
(Lefschetz Decomposition Theorem)

M을 호지다양체라 하자.

호지구조 $H^k(M,\,\mathbb{Q})$는 **러프셔츠분리**(Lefschetz decomposition)

$$H^k(M,\,\mathbb{Q}) = \bigoplus_{2r \leq k} l^r \cup H_0^{k-2r}(M,\,\mathbb{Q})$$

가 되며, 각 $l^r \cup H_0^{k-2r}(M,\,\mathbb{Q})$는 호지구조를 갖는다.

여기서

$$\begin{aligned} &H_0^{k-2r}(M,\,\mathbb{Q}) \\ &= \mathrm{Ker}\left[l^{n-k+2r+1} \cup \,:\, H^{k-2r}(M,\,\mathbb{Q}) \to H^{2n-k+2r+2}(M,\,\mathbb{Q})\right] \end{aligned}$$

이며, $H_0^{k-2r}(M,\,\mathbb{Q})$를 프리미티브코호몰로지(primitive cohomology)라 한다. ■

| 정리 7.6.5 |

(1) 러프셔츠분리는 폼 $(\;,\;)_l$에 의해 직교(orthogonal)이다.

(2) $H^k(M,\,\mathbb{Q})$상에 유일한 폴라화 $(\;,\;)$가 존재한다.
여기서 $l^r H_0^{2r}(M,\,\mathbb{Q})$상에서는 $(-1)^r(\;,\;)_l$이다.

(3) 특히, 폴라화 $(\;,\;)$는 호지-리만 쌍선형 관계를 만족한다.

■

| 정리 7.6.6 | 러프셔츠분리

$$H^k(M, \mathbb{Q}) = \bigoplus_{2r \leq k} l^r H_0^{k-2r}(M, \mathbb{Q})$$

상의 폴라화 (,)는 다음을 만족한다 :

$\xi, \eta \in H^k(M, \mathbb{Q})$에 대하여

(i) $(\xi, \eta) = (-1)^k(\eta, \xi)$

(ii) $(J\xi, J\eta) = (\xi, \eta)$

(iii) $(\xi, J\eta) = (\eta, J\xi)$

(iv) $(\xi. J\bar{\xi}) > 0$; $\xi \neq 0$.

여기서 복소구조 J는 하모닉폼에 대한 작용이다. ■

예 7.6.7

$M = \mathbb{CP}^n$을 n-차원 복소사영공간이라 하자.

코호몰르지환은

$$H^*(M, \mathbb{Q}) = \mathbb{Q} \oplus l\mathbb{Q} \oplus l^2\mathbb{Q} \oplus \cdots \oplus l^n\mathbb{Q}$$

이다. 여기서 $l = c_1(\mathscr{O}(1))$이다.

만일 $k \geq 1$이면 $l^{n-2k+} \cup l^k = l^{n-k+1} \neq 0$이므로

$$H_0^0(X, \mathbb{Q}) = 0,\ H_0^{2k}(X, \mathbb{Q}) = \{0\},\ k = 1, \cdots, n$$

이다. ■

프리미티브코호몰로지

$$H_0^k(M, \mathbb{C}) = \bigoplus_{p+q=k} H_0^{p,q}(M), \quad k = 0, 1, \cdots, 2n,$$

는 호지분리되며, 폴라화 (,)는 $H_0^k(M, \mathbb{C})$로 제한(restriction)된다.

| 정리 7.6.8 | 호지수(Hodge number)는 다음과 같다.

(i) $\dim_{\mathbb{C}} H_0^k(M, \mathbb{C}) := b_{k,0}(M) = b_k(M) - b_{k-2}(M)$,

(ii) $\dim_{\mathbb{C}} H_0^{p,q}(M) := h_0^{p,q}(M) = h^{p,q}(M) - h^{p-1,q-1}(M)$,

(iii) $(\xi^{k-q,q}, \eta^{p,k-p}) = 0$, 만일 $p \neq q$

(iv) $i^k(-1)^p(\xi^{p,q}, \overline{\xi^{p,q}}) > 0$, 만일 $\xi^{p,q} \neq 0$. ■

주의 (1) $H^k(M, \mathbb{C})$상의 폴라화 (,)는 헐미션대칭, 쌍선형, 비퇴화, 그리고 프리미티브코호몰로지의 호지분리는 직교(orthogonal)이지만 양의한정(positive definite)는 아니다.

(2) 사실 프리미티브코호몰로지와 앰플라인번들의 천클래스 l에 의하여 모든 코호몰로지가 정해지므로, 코호몰로지를 프리미티브코호몰로지와 천클래스 l로서 대신 할 수 있다.

7.7 호지다양체의 대수적클래스(Algebraic Classes of Hodge Manifolds)

M을 n-차원 호지다양체라 하고, l을 M상의 앰플라인번들의 천 클래스라 하자.

러프셔츠 동형

$$l^{n-2k} \cup : H^{2k}(M, \mathbb{Q}) \to H^{2n-2k}(M, \mathbb{Q})$$

은 호지클래스를 보존하므로, 역 맵

$$\lambda_{n-2k} : H^{2n-2k}(M, \mathbb{Q}) \to H^{2k}(M, \mathbb{Q})$$

도 호지클래스를 보존한다. 예 7.5.6 (3)와 정리 7.5.7이 일반 호지다양체에서도 성립하는가?

▌7.7.1▌ 러프셔츠표준추측(Lefschetz Standard Conjecture)

여차원 k인 $M \times M$의 부분다양체 Z가 존재하여

$$[Z]^* : H^{2n-k}(M, \mathbb{Q}) \to H^k(M, \mathbb{Q})$$

$[Z]^* = \lambda_{n-k}$가 될 것이다.

여기서

$$\begin{aligned}[Z]^* &\in H^{2n-k}(M, \mathbb{Q})^* \otimes H^k(M, \mathbb{Q}) \\ &= H^k(M, \mathbb{Q}) \otimes H^k(M, \mathbb{Q}) \subset H^{2k}(M \times M, \mathbb{Q}) \\ &\underset{\mathrm{P.D.}}{\simeq} H_{4n-2k}(M \times M, \mathbb{Q}) \ni Z\end{aligned}$$

로서 이해해야 된다.

| 정리 7.7.2 | 만일 러프셔츠표준추측이 M의 모든 짝수 $2k$에 대하여 성립하면, 모든 k에 대하여 교차수 맵

$$A^{2k}(M, \mathbb{Q}) \times A^{2n-2k}(M, \mathbb{Q}) \to \mathbb{Q}$$

은 비퇴화(nondegenerate)이다.

(증명) 모든 짝수 차원에서 M에 대한 러프셔츠표준추측이 성립하므로, 러프셔츠동형의 축소, 모든 $2k \leq n$에 대하여,

$$l^{n-2k} \cup \; : \; A^{2k}(M, \mathbb{Q}) \to A^{2n-2k}(M, \mathbb{Q})$$

도 동형이고, 역 맵

$$\lambda_{n-2k} : \; A^{2n-2k}(M, \mathbb{Q}) \to A^{2k}(M, \mathbb{Q})$$

은 대수적클래스를 유도한다.

따라서 $A^{2k}(M, \mathbb{Q})$도 러프셔츠분리가 된다.

$H^{2k}(M, \mathbb{Q})$상에 정의된 교차폼

$$(\alpha, \beta)_l = \int_X l^{n-2k} \cup \alpha \cup \beta, \;\; \alpha, \beta \in H^{2k}(M, \mathbb{Q})$$

가 $A^{2k}(M, \mathbb{Q})$상에서 비퇴화임을 보이자.

호지-리만쌍선형 관계에 의하여 러프셔츠분리는 서로 직교이고, 각 부분공간 $l^r \cup H_0^{2k-2r}(M, \mathbb{Q})$에서 교차폼 $(\, , \,)_l$을 $H_0^{k-r, k-r}(M) \subset H_0^{2k-kr}(M, \mathbb{Q})$로 제한 할 수 있다. 또한 $l^r \cup A_0^{2k-2r}(M, \mathbb{Q})$에서 비퇴화이다.

따라서 $(\, , \,)_l$은

$$A^{2k}(M) = \bigoplus_{2r \leq 2k} l^r \cup A_0^{2k-2r}(M)$$

에서 비퇴화가 된다. ■

| 계 7.7.3 | $f: M \to N$이 호지다양체 사이의 모르피즘이라 하고, M과 N이 러프셔츠표준추측을 만족한다 하자.

(1) 만일 Z가 여차원 k인 대수적사이클 $Z \subset M$, $[Z] \in H^{2k}(M, \mathbb{Q})$이고, $B \in H^{2k}(N, \mathbb{Q})$ $f^*(B) = [Z]$ 이면 N상에 여차원 k인 대수적사이클 Z'가 존재하여 $f^*[Z'] = [Z]$이다.

(2) 만일 Z가 N의 여차원 k의 대수적사이클로서 $[Z] \in H^{2k}(N, \mathbb{Q})$이고, $B \in H^{2k-2r}(M, \mathbb{Q})$, $r = \dim N - \dim M$, $[Z] = f_*(\beta)$이면, M상에 여차원 $k-r$인 대수적사이클이 존재하여 $f_*[Z'] = [Z]$가 된다.

(증명)

(1) $\dim_{\mathbb{C}} N = n$, N상의 포앙카레듀알에 의하여 β는 $A^{2n-2k}(N, \mathbb{Q})$에서 선형폼으로 생각할 수 있고, 정리 7.7.2에 의하여 N상에 여차원 k인 대수적사이클 Z'가 존재하여 $B = \langle [Z'], \bullet \rangle_N$이 된다.

$f^*([Z's]) = [Z]$임을 보이자.

M상의 모든 사이클 W에 대하여

$$\begin{aligned}\langle f^*[Z'], [W] \rangle_M &= \langle [Z'], f_*[W] \rangle_N \\ &= \langle B, f_*[W] \rangle_N \\ &= \langle f^*\beta, [W] \rangle_M \\ &= \langle [Z], [W] \rangle_M\end{aligned}$$

이다. 따라서 정리 7.7.2에 의하여

$$f^*[Z'] = [Z]$$

이다.

(2) 모르피즘 $f: M \to N$에 대한 기신맵(Gysin map)

$$\begin{array}{ccc} H^{2k-2r}(M, \mathbb{Q}) & \overset{f_*}{\dashrightarrow} & H^{2k}(N, \mathbb{Q}) \\ \updownarrow \text{PD} & & \uparrow \text{PD} \\ H_{2\dim M - 2k}(M, \mathbb{Q}) & \xrightarrow{f_*} & H_{2\dim M - 2k}(N, \mathbb{Q}) \end{array}$$

여기서 $r = \dim N - \dim M$이고 호몰로지맵 = f_* = 기신맵을 혼용하였다.

Z가 N의 여차원 k인 대수적사이클 $[Z] \in H^{2k}(N, \mathbb{Q})$이고 $B \in H^{2k-2r}(M, \mathbb{Q})$, $f_*\beta$이므로, 정리 7.7.2에 의하여, M상에 여차원 $(k-r)$인 대수적사이클이 존재하여

$$B = \langle [Z'], \bullet \rangle_M$$

이다.

N상의 모든 사이클 W에 대하여

$$\begin{aligned} \langle f_*[Z'], [W] \rangle_N &= \langle [Z'], f^*[W] \rangle_M \\ &= \langle \beta, f^*[W] \rangle_M \\ &= \langle f_* B, [W] \rangle_N \\ &= \langle [Z], [W] \rangle_N \end{aligned}$$

이므로, 정리 7.7.2에 의하여

$$f_*[Z'] = [Z]$$

이다. ■

▌정리 7.7.4▐ 러프셔츠표준추측이 성립한다고 하자.
N이 n차원 호지다양체이고, $j : M \hookrightarrow N$이 닫힌 대수적 부분공간이라 하자.
Z가 여차원 k인 N의 대수적사이클로서 $[Z]$가 $H^{2k}(N-M)$상에서 0이면, M상에 대수적사이클 Z'가 존재하여 $H^{2k}(N, \mathbb{Q})$상에서 $[Z']=[Z]$가 된다.

증명 가정에서 Z가 여차원 k의 대수적사이클이고, $[Z]=0 \in H^{2k}(N-M, \mathbb{Q})$이므로 호몰로지클래스 $\beta \in H_{2n-2k}(M, \mathbb{Q})$가 존재하여 $j_* B \in H_{2n-2k}(N, \mathbb{Q}) \simeq H^{2k}(N, \mathbb{Q})$이고, 상은 $[Z]$와 같다.

만일 M이 스므스하지 않으면 히로나카정리(Hironaka theorem)에 의하여 스므스하게(desingularization)

$$\tilde{j} : \widetilde{M} \to M \to N$$

할 수 있다.

따라서 $B' \in H^{2k-2r}(\widetilde{M}, \mathbb{Q}) \simeq H^{2k-2r}(M, \mathbb{Q})$가 존재하여 $\widetilde{j_*} B' = [Z]$가 된다. 여기서 $r = \dim_{\mathbb{C}} N - \dim_{\mathbb{C}} M$이다.

계 7.7.3 (2)에 의하여 M상에 대수적사이클 Z'가 존재하여 $H^{2k}(N, \mathbb{Q})$상에서 $[Z]=[Z']$가 된다. ■

CHAPTER 08 스핀다양체(Spin Manifolds)

8.1 클리포드대수(Clifford Algebra)

$(V, \langle\, , \rangle)$를 내적 $\langle\, , \rangle$을 갖는 n-차원 실벡타공간이라 하자.
V의 자유텐서대수(free tensor algebra)

$$F(V) = \bigoplus_{k \geq 0} \left(\bigotimes^{k} V \right)$$

내에 $\{v \otimes v + \langle v, v \rangle 1 \mid v \in V\}$에 의해서 생성되는 아이디얼(ideal)을 $I(V)$라 하자.

| 정의 8.1.1 | $F(V)$에 대한 $I(V)$의 상공간(quotient space)

$$C(V) = F(V) \,/\, I(V)$$

를 V의 **클리포드대수**(Clifford algebra)라 한다.

여기서 두 벡타 $u,\ v \in V$의 $F(V)$에서 곱은 $u \otimes v \in F(V)$이고 $u \cdot v = u \otimes v + I(V) \in C(V)$를 u와 v의 **클리포드곱**(Clifford multiplication)이라 한다.

V의 직교정규기저를 $\{e_1, \cdots, e_n\}$라 하면, 클리포드대수 $C(V)$도 $\{e_1, \cdots, e_n\}$의 합과 클리포드곱에 의해서 생성되며

$$(*) \begin{cases} e_i \cdot e_j = -e_j \cdot e_i\,,\ i \neq j \\ e_i \cdot e_i = -1 \end{cases}$$

의 관계가 있다.

관계(∗)는

$$u \cdot v + v \cdot u = -2\langle u, v \rangle, \ u, v \in V$$

와 동치(equivalent)이다.

따라서 클리포드대수 $C(V)$는 $\{e_{i_1}, \cdots, e_{i_k} \mid 1 \le i_1 < \cdots < i_k \le n\}$이 직교정규기저이며, 차원은 $\dim C(V) = 2^n$이다.

n-차원 벡타공간 V의 외대수(exterior algebra)

$$\Lambda(V) = \bigoplus_{k=0}^{n} \Lambda^k(V)$$

더하기와 쐐기곱을 갖은 대수이며 차원은 $\dim \Lambda(V) = 2^n$이다.

| 정리 8.1.2 | n-차원 내적공간 $(V, \langle\ ,\ \rangle)$의 직교정규기저를 $\{e_1, \cdots, e_n\}$라 하자.

(1) $\{e_{i_1} \cdots e_{i_k} \mid 1 \le i_1 < i_2 < \cdots < i_k \le n, \ k = 0, \cdots, n\}$은 $C(V)$의 직교정규기저이며
$\{e_{i_1} \wedge \cdots \wedge e_{i_k} \mid 1 \le i_1 < \cdots < i_k \le n, \ k = 0, \cdots, n\}$은 $\Lambda(V)$의 직교정규기저이다.

(2) 맵 $\sigma : C(V) \to \Lambda(V)$, $\sigma(u \cdot v) = u \wedge v$는 벡타공간으로 동형이지만, 대수로서는 동형이 아니다.
사실, $\sigma(e_i \cdot e_i) = \sigma(-1) = -1 \ne e_i \wedge e_i = 0$이다.

클리포드대수 $C(V) = C^{\mathrm{ev}}(V) \oplus C^{\mathrm{odd}}(V)$이다.

여기서 $C^{\mathrm{ev}}(V) = \langle e_{i_1} \cdots e_{i_k} \mid k : \text{짝수} \rangle$이고

$C^{\mathrm{odd}}(V) = \langle e_{i_1} \cdots e_{i_k} \mid k : \text{홀수} \rangle$이다.

특히 $\mathbb{R} \subset C^{\mathrm{ev}}(V)$이고 $V \subset C^{\mathrm{odd}}(V)$이다.

예 8.1.3

만일 $V = \mathbb{R}^n$이고 $\langle\ ,\ \rangle$은 $\mathbb{R}^n$의 표준내적(standard inner product)라 하고, $C(V) = C_n$이라 하자.

(1) $C_1 = C(\mathbb{R}) = \mathbb{C} = \langle 1,\ e_1 \rangle$,

(2) $C_2 = C(\mathbb{R}^2) = \mathbb{H} = \langle 1, e_1, e_2, e_1 e_2 \rangle$,

(3) $C_3 = C(\mathbb{R}^3) = \mathbb{H} \oplus \mathbb{H}$,

(4) $C_4 = \mathbb{H}^{2 \times 2}$,

(5) $C_5 = \mathbb{C}^{4 \times 4}$,

(6) $C_6 = \mathbb{R}^{8 \times 8}$,

(7) $C_7 = \mathbb{R}^{8 \times 8} \oplus \mathbb{R}^{8 \times 8}$,

(8) $C_8 = \mathbb{R}^{16 \times 16}$,

(9) $C_{n+8} = C_n \otimes \mathbb{R}^{16 \times 16}$

| 정의 8.1.4 | C_n의 복소화(complexification), $C_n \bigotimes_{\mathbb{R}} \mathbb{C}$를 $\mathbb{R}^n$의 **복소클리포드대수**(complex Clifford algebra)라 한다.

(1) 각 $x \in C_n$는 유한합 $x = \sum_I x_I e_I,\ x_I \in \mathbb{R},\ e_I = e_{i_1} \cdots e_{i_k}$ 으로 나타난다.

맵 $\sim\ :\ C_n \to C_n$,

$$x = \sum_I x_I e_I \mapsto \tilde{x} = \sum_I \varepsilon_I x_I e_I,\ \varepsilon_I = (-1)^{k(k+1)/2}$$

은 인볼루션(involution) $(\sim^2 = \mathrm{id})$이다.

(2) 각 $x \in C_n \bigotimes_{\mathbb{R}} \mathbb{C}$는 유한합 $x = \sum_I x_I e_I,\ x_I \in \mathbb{C}$,

$e_I = e_{i_1} \cdots e_{i_k}$로 나타난다.

맵 $\sim : C_n \bigotimes_{\mathbb{R}} \mathbb{C} \to C_n \bigotimes_{\mathbb{R}} \mathbb{C}$,

$$x = \sum_I x_I e_I \to \tilde{x} = \sum_I \varepsilon_I \overline{x_I} e_I,\ \varepsilon_I = (-1)^{k(k+1)}$$

은 인볼류션이다.

지금부터 $n = 2l$이라 하자.

❙ 정리 8.1.5 ❙

(1) 복소 클리포드대수 $C_n \otimes \mathbb{C}$는 $2^l \times 2^l$-복소 행렬대수 $C(2^l)$와 동형(isomorphic)이다.

(2) 군 $C_n \otimes \mathbb{C}$의 비축소복소표현(irreducible complex representation)인 2^l-차원 복소공간 Δ_n이 존재한다. ■

(1)의 증명은 수학적 귀납법을 사용하면 된다.

(2)의 2^l-차원 비축소 복소표현공간 Δ_n을 구성해 보자.

$Q_j = e_{2j-1} e_{2j} \otimes i,\ i = 1, \cdots, l$라 두자.

$$\text{맵 } Q_j : C_n \otimes \mathbb{C} \to C_n \otimes \mathbb{C},\ j = 1, \cdots, l$$

를 $C_n \otimes \mathbb{C}$상에서 **우클리포드곱**(right clifford multiplication)이라 하자.

$$Q_j^2 = 1,\ j = 1, \cdots, l$$

$$Q_i \cdot Q_j = Q_j \cdot Q_i,\ i, j = 1, \cdots, l$$

이고, Q_j의 고유값(eigen value)는 ± 1이다.

| 정리 8.1.6 |

(1) 고유공간(eigen space)

$$\Delta_n = \{a \in C_n \otimes \mathbb{C} \mid a\, Q_j = -a,\ j = 1, \cdots, l\}$$

은 2^l-차원 복소공간이다.

(2) Δ_n은 $C_n \otimes \mathbb{C}$의 좌클리포드곱(left clifford multiplication)에 닫혀있다. 즉,

$$(C_n \otimes \mathbb{C}) \times \Delta_n \to \Delta_n \text{이 작용(action)}$$

이다.

(3) Δ_n은 $C_n \otimes \mathbb{C}$의 비축소표현공간이다. ■

실제로, $X \in C_n \otimes \mathbb{C},\ a \in \Delta_n,\ Q_j,\ j = 1, \cdots, l$에 대하여

$$(X \cdot a) Q_j = X \cdot (a\, Q_j) = X \cdot (-a) = -Xa$$

이므로 $x \cdot a \in \Delta_n$이다.

따라서 Δ_n은 $C_n \otimes \mathbb{C}$의 좌아이디얼(left ideal)이다.

유클리트공간 $(\mathbb{R}^n, \langle\ ,\ \rangle)$의 직교정규기저를 $\{e_1, \cdots, e_n\}$이라 하자. 맵

$$* : C_n \to C_n,\ \left(e_{i_1} \cdots\ e_{k_k}\right)^* = e_{i_k} \cdots\ e_{i_1}$$

은 인볼류션 $(*^2=1)$이다.

(1) $(x\cdot y)^* = y^* x^*,\ x, y \in C_n$

(2) 만일 $x = v_1, \cdots, v_k,\ v_j \in S^{n-1},\ j=1, \cdots, k$이면

$$x\cdot x^* = \begin{cases} 1 & k: \text{짝수} \\ -1 & k: \text{홀수} \end{cases}$$

▌정의 8.1.7▐

(1) $\mathrm{Pin}(n) = \left\{ v_1 \cdots v_k \mid v_j \in s^{n-1},\ j=1, \cdots, k \right\}$

(2) $\mathrm{Spin}(n) = \mathrm{Pin}(n) \cap C_n^{ev}$

$\mathrm{Pin}(n)$은 $GL(c_n)$의 닫힌부분군(closed subgroup)이다.

$u\cdot v + v\cdot u = -2\langle u, v\rangle 1,\ u, v \in \mathbb{R}^n$이므로

만일 $a \in S^{n-1}$이면 $u\cdot v\cdot u = (-v\cdot u - 2\langle u, v\rangle 1)\cdot u$

$= v - 2\langle u, v\rangle u$이다.

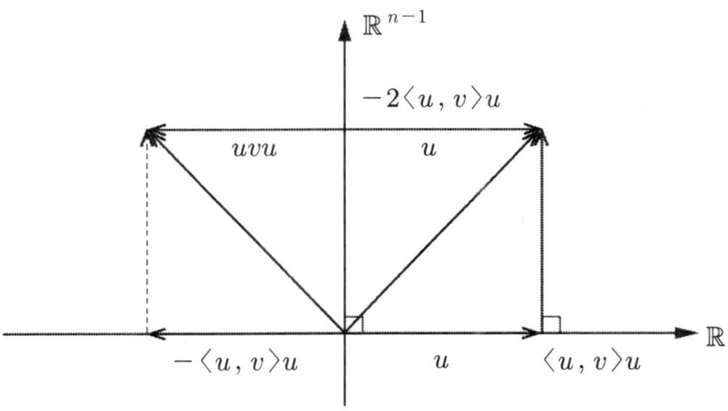

(보조정리) 각 $u \in S^{n-1}$에 대하여, 맵 $\mathbb{R}^n \to \mathbb{R}^n,\ v \mapsto uvu$은 v를 u에 직교인 $\mathbb{R}^{n-1}$의 대칭인 벡타이다.

| 정리 8.1.8 |

(1) 맵 $\rho : \mathrm{Pin}(n) \to O(n)$,

각 원소 $x \in \mathrm{Pin}(n)$, 각 벡타 $v \in \mathbb{R}^n$에 대하여

$\rho_x(v) = xvx^*$,은 준동형이다.

(2) 맵 $\rho = \mathrm{Ad} : \mathrm{Spin}(n) \to SO(n)$는 2-중피복이다.

만일 $n > 2$이면 범피복(universal covering)이다.

(증명) (1) 각 원소 $x \in \mathrm{Pin}(n)$는 $x = v_1 \cdots v_k$, $v_i \in S^{n-1}$, $i = 1, \cdots, k$로 표현된다.

각 벡타 $v \in \mathbb{R}^n$에 대하여

$$\rho_x(v) = xvx^* = v_1 \cdots v_k v v_k \cdots v_1$$

이므로 보조정리에 의하여 $\rho_x \in O(n)$이다.

만일 k가 짝수이면 $\rho_x \in SO(n)$이다.

각 원소 $x, y \in \mathrm{Pin}(n)$에 대하여

$$\rho_{xy} = \rho_x \rho_y$$

이므로 $\rho : \mathrm{Pin}(n) \to O(n)$은 준동형이다.

(2) 만일 $x = v_1 \cdots v_k \in \mathrm{Spin}(n)$이면 k는 짝수이고 맵 $\rho_x : \mathbb{R}^n \to \mathbb{R}^n$은 짝수번 대칭이므로 방향이 유지되어 $\rho_x \in SO(n)$이다.

준동형

$$\rho = \mathrm{Ad} : \mathrm{Spin}(n) \to SO(n)$$

의 핵(kernal)은 $\rho^{-1}(1) = \{\pm 1\}$이다.

$n = 2$이면 $\rho : \mathrm{Spin}(2) = S^1 \to SO(2) = S^1$, $\rho_x = x^2$이다.

$n > 2$이면 $\mathrm{Spin}(n)$은 단순연결이므로 맵 $\rho : \mathrm{Spin}(n) \to SO(n)$

은 범피복이다. ■

리군 $\mathrm{Spin}(n)=\left\{v\in C_v^{\mathrm{ev}}\mid vv^*=1,\ v\mathbb{R}^n v*=\mathbb{R}^n\right\}$의 리대수 (Lie algebra)는

$$Spin(n)=\left\{\xi\in C_n^{\mathrm{ev}}\mid \xi+\xi^*=0,\ [\xi,v]\in\mathbb{R}^n,\ v\in\mathbb{R}^n\right\}$$

이다. $\mathrm{Ad}:\mathrm{Spin}(n)\to SO(n)$의 미분은

$$d(\mathrm{Ad})=\mathrm{ad}:Spin(n)\to SO(n),\ \mathrm{ad}(\xi)(v)=[\xi,v]$$

이다. 또한 $\mathrm{Spin}(n)\simeq SO(n)\simeq\Lambda^2(\mathbb{R}^n)$이다.

벡타 $u,v,w\in\mathbb{R}^n$에 대하여

$u\cdot v+v\cdot u=-2\langle u,v\rangle 1,\ [u,v]+[u,v]^*=0$이고

$$\mathrm{ad}_{[u,v]}w=[[u,v],w]=4(\langle u,w\rangle v-\langle v,w\rangle u)$$
$$=4(v\wedge u)(w)=-4(u\wedge v)w$$이다.

| 정리 8.1.10 |

(1) $\mathrm{ad}:Spin(n)\to SO(n),\ \mathrm{ad}(\xi)(v)=[\xi,v]$이다.

(2) $\mathrm{ad}:Spin(n)\to\Lambda^2\mathbb{R}^n,\ \mathrm{ad}[u,v]=-4u\wedge v$이다. ■

2^l-차원 복소공간 Δ_n은 $C_n\otimes\mathbb{C}$의 비분리표현이지만, Δ_n은 $\mathrm{Spin}(n)$의 분리표현이다. 즉

$$\Delta_n=\Delta_n^+\oplus\Delta_n^-,\ \Delta_n^+=\Delta_n\cap(C_u^{\mathrm{ev}}\otimes\mathbb{C}),\ \Delta_n^-=\Delta_n\cap(C_n^{\mathrm{odd}}\otimes\mathbb{C})$$

은 $\mathrm{Spin}(n)$의 표현이다.

(정의) (1) Δ_n을 $\mathrm{Spin}(n)$의 스핀표현(spin representation)이라 한다.

(2) $\Delta_n^{\pm}$을 Spin(n)의 $\pm\frac{1}{2}$-스핀표현($\pm\frac{1}{2}$-spin representation)

이라 한다.

예 8.1.11

유클리트평면 $\mathbb{R}^2 = \langle e_1, e_2 \rangle$에 대하여,

$$c_2 = \langle 1, e_1, e_2, e_1e_2 \rangle = \mathbb{H}$$

이고,

$$\text{Spin}(2) = \{x \mid x = \cos\theta + \sin\theta\, e_1e_2,\ 0 \le \theta \le 2\pi\} \simeq S^1 \subset C_2^{ev}$$

이다.

맵 $\text{Ad} : \text{Spin}(2) \to SO(2),\ x \mapsto \text{Ad}_x$이고,

$\text{Ad}_x : \mathbb{R}^2 \to \mathbb{R}^2,\ v \mapsto \text{Ad}_x(v) = xvx^*$이다.

만일 $x = \cos\theta + \sin\theta\, e_1e_2 \in \text{Spin}(2),\ v = ae_1 + be_2 \in \mathbb{R}^2$이면

$$\begin{aligned}\text{Ad}_x(v) &= xvx^* \\ &= (\cos\theta + \sin\theta\, e_1e_2)(ae_1 + be_2)(\cos\theta + \sin\theta\, e_2e_1) \\ &= (\cos2\theta + \sin2\theta\, e_1e_2)(ae_1 + be_2)\end{aligned}$$
이다.

따라서 이중피복맵 $\text{Ad} : \text{Spin}(2) \to SO(2)$는 $x \in \text{Spin}(2)$가 C_2에서 θ만큼 회전하면 $\text{Ad}_x \in SO(2)$는 $\mathbb{R}^2$에서 2θ만큼 회전한다.

복소클리포드 대수 $C_2 \otimes \mathbb{C} = \mathbb{C}^{2\times2}$에서 맵

$$Q_1 = e_1e_2 \otimes i : C_2 \otimes \mathbb{C} \to C_2 \otimes \mathbb{C}$$

의 (-1)-고유공간

$$\begin{aligned}\Delta_2 &= \{a \in C_2 \otimes \mathbb{C} \mid aQ_1 = -a\} \\ &= \langle 1 - e_1 e_2 \otimes i,\ e_1 + e_2 \otimes i \rangle \\ &= \Delta_2^+ \oplus \Delta_2^-\end{aligned}$$

여기서 $\Delta_2^+ = \langle -e_1 e_2 \otimes i \rangle$, $\Delta_2^- = \langle e_1 + e_2 \otimes i \rangle$이다.

$x = \cos\theta + \sin\theta e_1 e_2 \in \mathrm{Spin}(2)$라 하자.

(1) $a \in \Delta_2^+$이면 $x \cdot a = (\cos\theta + i\sin\theta)a$,

(2) $a \in \Delta_2^-$이면 $x \cdot a = (\cos\theta - i\sin\theta)a$이다.

따라서 작용 $\mathrm{Spin}(2) \times \Delta_2^+ \to \Delta_2^+$와 $\mathrm{Spin}(2) \times \Delta_2^- \to \Delta_2^-$은 서로 켤레(conjugate)로 작용한다.

8.2 스핀다양체(Spin Manifolds)

M을 n-차원 방향을 갖는 리만다양체(oriented Riemannian manifold)라 하자. 탄젠트번들 $TM \to M$의 트란지션맵(transition map) $g_{ij}(x) \in SO(n)$은 양립조건(compatibility condition): $g_{ii} = I$, $g_{ij} g_{jk} g_{ki} = I$을 만족한다. 즉 $\{g_{ij}\} \in H^1(M, SO(n))$이다.

이중피복에 따른 완전열(exact sequence)

$$0 \to \mathbb{Z}_2 \to \mathrm{Spin}(n) \to SO(n) \to 0$$

은 체크코호몰로지(Čech cohomology)의 완전열

$$\longrightarrow H^1(M, \mathbb{Z}_2) \xrightarrow{\alpha} H^1(M, \text{Spin}(n)) \xrightarrow{\beta} H^1(M, SO(n)) \xrightarrow{\gamma}$$

$$H^2(M, \mathbb{Z}_2) \longrightarrow$$

을 유도한다.

스펙트랄열(spectral sequence)에 의하면

$$\gamma(\{g_{ij}\}) = \omega_2(TM)$$

이 되고, 만일 $\omega_2(TM) = 0$이면

$\{\widetilde{g_{ij}}\} \in H^1(M, \text{Spin}(n))$이 존재하여 $\beta(\{\widetilde{g_{ij}}\}) = \{g_{ij}\}$가 된다. 이때 M은 $\text{Spin}(n)$을 구조군(structure group)으로 하는 스핀구조(spin structure) $\{\widetilde{g_{ij}}\}$를 갖는다. 체크코호몰로지 완전열로부터 M 상의 스핀구조수(number of spin structure)는 $H^1(M, \mathbb{Z}_2)$의 원소의 수와 같다.

❙ 정의 8.2.1 ❙ 방향을 갖은 리만다양체 M의 스티펠-위트니클래스 $\omega_2(TM) = 0$이면 M을 **스핀다양체**(spin manifold)라 한다.

❙ 정리 8.2.2 ❙ M을 방향을 갖은 리만다양체라 하자.

(1) M이 스핀다양체일 필요충분조건은 $\omega_2(TM) = 0$이다.

(2) 이때 M상의 스핀구조수는 $H^1(M, \mathbb{Z}_2)$의 원소 수와 같다.

예 8.2.3

(1) 만일 Σ가 콤팩트 연결방향리만곡면(compact connected oriented Riemann surface)이라 하면

$c_1(T\Sigma) = (2-2g)h$, 여기서 g는 Σ의 지너스(genus)이고 $h \in H_2(\Sigma, \mathbb{Z})$의 생성원이다.

$$c_1(TM) = \omega_2(TM) = 0 \pmod 2$$

이므로 Σ는 스핀이고, Σ의 스핀구조수는 $|H^1(\Sigma, \mathbb{Z}_2)| = |\mathbb{Z}_2^{2g}| = 2^{2g}$이다.

(2) 모든 구 S^n은 스핀이다($n > 1$).
왜냐하면 $\omega_2(TS^n) = 0$이기 때문이다.
스핀구조수는 $|H^1(S^n, \mathbb{Z}_2)| = 1$이다.

(3) 복소사영공간 $\mathbb{CP}^n$에 대하여, $c_1(\mathbb{CP}^n) = (n+1)h$이므로,
n이 홀수이면 $\mathbb{CP}^n$은 스핀이고, 스핀구조수는 1이다.
n이 짝수이면 $\mathbb{CP}^n$은 스핀이 아니다.

지금부터 M을 $n = 2l$-차원 스핀다양체라 하자.
M상에 다음과 같은 번들이 유도된다.

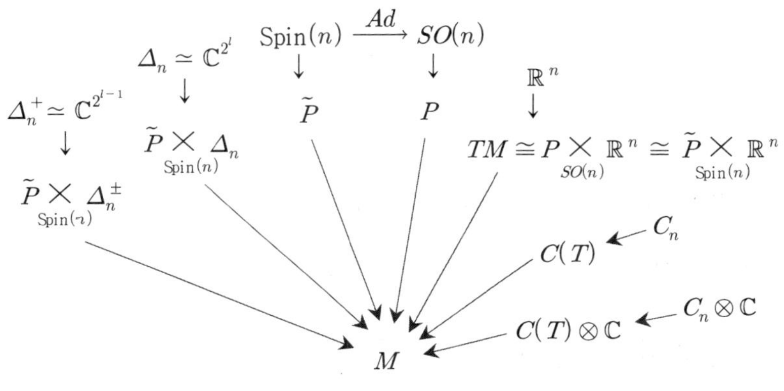

여기서 P는 주 $SO(n)$번들(principal $SO(n)$-bundle)이고,

$\widetilde{P}$는 주 $\mathrm{Spin}(n)$번들(principal $\mathrm{Spin}(n)$-bundle)이다.

M을 $n=2l$-차원 스핀다양체라 하고, 탄젠트번들

$$\mathbb{R}^n \to TM \to M$$

에 대응되는 스핀대수 C_n을 파이버로 하는 벡터번들

$$C_n \to C(T) \to M$$

을 생각하자. 이에 대응되는 복소스핀대수번들

$$C_n \otimes \mathbb{C} \to C(T) \otimes \mathbb{C} \to M$$

은 스핀표현(spin representation)을 갖은 복소번들

$$C(T) \otimes \mathbb{C} = 2^l \Delta(T),\ \Delta(T) = \Delta^+(T) \oplus \Delta^-(T)$$

로 분해된다. 여기서 $T := TM$이다.

각 원소 $g \in \mathrm{Spin}(n)$, $v \in T$, $a \in \Delta(T)$에 대하여 크리포드 곱 $g(va) = (gvg^{-1})(ga)$이다.

즉, 스핀작용이 양립한다.

$$\begin{array}{ccc} T \otimes \Delta(t) & \xrightarrow{\ \bullet\ } & \Delta(T) \\ g \bullet \downarrow & \curvearrowright & g \bullet \downarrow \\ T \otimes \Delta(T) & \xrightarrow{\ \bullet\ } & \Delta(T) \end{array}$$

| 정의 8.2.4 | M상의 스핀번들 $\Delta(T)$, $\Delta^+(T)$, $\Delta^-(T)$의 섹션(section)을 각각 **스피노**(spinor), $+\frac{1}{2}$-**스피노**($+\frac{1}{2}$-spinor), $-\frac{1}{2}$-**스피노**($-\frac{1}{2}$-spinor)라 부른다.

스핀다양체 M은 리만다양체로서 유일한 리만콘넥션(Riemannian connection) ∇을 갖는다.

M상에 유도된 여러 번들 $(CT)\otimes\mathbb{C}$, $\Delta(T)$, $\Delta^{\pm}(T)$에 콘넥션이 유도된다.

| 정의 8.2.5 | 스피노 상의 연산자

$$\not{D} : \Gamma(\Delta(T)) \to \Gamma(\Delta(\Gamma)),$$
$$s \mapsto \not{D}s = \sum e_i \cdot \nabla_{e_i} s$$

를 **디락연산자**(Dirac operator)라 한다.

여기서 ∇_{e_i}는 e_i방향으로 공변미분(covariant derivative)이고, $\{e_i\}$는 직교정규 프레임장(orthonomal frame field), 곱 $\cdot$는 클리포드곱이다.

국소적으로, $\not{D}\left(\sum_J a_J e_J\right) = \sum_{i,J} e_i \cdot \nabla_{e_i}(a_J e_J)$

$$= \sum_{i,J} e_i \cdot \frac{\partial a_J}{\partial x_i} e_J + \sum_{i,J} a_J e_i \cdot \nabla_{e_i} e_J$$

이므로 $\not{D}$는 1차 편미분연산자이며, 그의 심볼은

$$\sigma(x, \xi) = \xi \cdot \ : \Delta_x \to \Delta_x, \ a \mapsto \xi \cdot a$$

이다.

만일 $\xi \neq 0$, $\xi \cdot \xi = -\langle \xi, \xi \rangle \neq 0$이므로 클리포드곱 ξ은 동형(isomorphism)이다.

따라서 디락연산자 $\not{D}$는 **엘립틱연산자**(elliptic operator)이다.

$\mathbb{R}^n$상의 내적 $\langle , \rangle$을 $\{e_I\}$가 C_n상에서 직교정규기저가 되도록 확장하자. 각 원소 $a, b \in C_n$에 대하여

$$\langle \xi a, b \rangle = -\langle a, \xi b \rangle$$

이다.

디락연산자 $\not{D}$는 형식적으로 $\not{D} = d + d^*$로 쓸 수 있다. 각 스피노 $s_1, s_2 \in \Gamma(\Delta(T))$에 대하여

$$\begin{aligned}\langle \not{D} s_1, s_2 \rangle &= \langle (d+d^*) s_1, s_2 \rangle = \langle s_1, (d+d^*) s_2 \rangle \\ &= \langle s_1, \not{D} s_2 \rangle\end{aligned}$$

이므로 $\not{D}$는 **셀프어드조인트**(self-adjoint)이고, $\not{D} = \not{D}^*$이다. 따라서 $\operatorname{index}\not{D} = \operatorname{Ker}\not{D} - \operatorname{Ker}\not{D}^* = 0$이다.

| 정의 8.2.6 | 연산자 $\not{D} : \Gamma(\Delta(T)) \to \Gamma(\Delta(T))$의 제한(restriction)을

$$\not{D}^+ : \Gamma(\Delta^+(T)) \to \Gamma(\Delta^-(T))$$

스핀다양체 M상의 **디락연산자**(Dirac operator)라고 한다.

같은 방법으로 $\not{D}$의 제한연산자

$$\not{D}^- : \Gamma(\Delta^-(T)) \to \Gamma(\Delta^+(T))$$

로 쓰자. 그러면

$$\not{D} = \not{D}^+ \oplus \not{D}^- : \Gamma(\Delta^+(T) \oplus \Delta^-(T)) \to \Gamma(\Delta^-(T) \oplus \Delta^+(T))$$

가 된다.

8.3 스핀지표(Spin Index)

M을 스핀다양체라 하자.

디락연산자 $\not{D}: \Gamma(\Delta(T)) \to \Gamma(\Delta(T))$는 셀프듀알이다.

각 스피노 $u \in \Gamma(\Delta(T))$에 대하여

$$\langle \not{D}^2 u, u \rangle = \langle \not{D} u, \not{D} u \rangle = |\not{D} u|^2$$

이므로 $\not{D} u = 0 \Leftrightarrow \not{D}^2 u = 0$이고

$\mathrm{Ker}\not{D} = \mathrm{Ker}\not{D}^+ + \mathrm{Ker}\not{D}^- = \mathrm{Ker}\not{D}^2$이다.

$\not{D}^2 u = 0$인 u를 M의 **조화스피노**(harmonic spinor)라 하고, $\not{D}^2$을 **스핀라프라스연산자**(Spin Laplacian operator)라 한다.

| 정리 8.3.1 | 아티야-싱어 스핀지표정리(Atiyah–Singer Spin Index Theorem)

디락연산자 $\not{D}^+ : \Gamma(\Delta^+(T)) \to \Gamma(\Delta^-(T))$의 지표는

$$\mathrm{index}(\not{D}^+) = \mathrm{ch}(\sigma(\not{D}^+)) \cdot \mathrm{td}(T \otimes \mathbb{C})\ [TM]$$

이다. ■

| 정의 8.3.2 | 디락연산자 $\not{D}^+$의 지표

$$\mathrm{Spin}(M) = \mathrm{index}\not{D}^+$$

를 M의 **스핀지표**(spin index)라 한다.

따라서 $\mathrm{Spin}\,M = \mathrm{index}\,\not{D}^+ : \Gamma(\Delta^+(T)) \to \Gamma(\Delta^-(T))$

$$= \dim \mathrm{Ker}\not{D}^+ - \dim \mathrm{Ker}\not{D}^-$$

$$= \dim\left\{조화 + \frac{1}{2} - 스피노\right\} - \dim\left\{조화 - \frac{1}{2}\right.$$

$$\left. - 스피노\right\}$$

이다.

아티야-싱어 스핀지표정리와 분리원리(splitting principle)를 이용하여 스핀지표 $\mathrm{index}\,\not{D}^+$를 유도해 보자.

스핀번들 $TM = T$는 분리원리에 의하여 Spin(2)번들 $P_1, \cdots, P_l$의 합이라 가정하자. 즉,

$$T = P_1 \oplus \cdots \oplus P_l.$$

또한 스핀번들에서

$$\Delta(E \oplus F) = \Delta(E) \bigotimes_{\mathbb{C}} \Delta(F)$$

$$\Delta^+(E \oplus F) = \Delta^+(E) \bigotimes_{\mathbb{C}} \Delta^+(F) \oplus \Delta^-(E) \bigotimes_{\mathbb{C}} \Delta^-(F)$$

$$\Delta^-(E \oplus F) = \Delta^+(E) \bigotimes_{\mathbb{C}} \Delta^-(F) \oplus \Delta^-(E) \bigotimes_{\mathbb{C}} \Delta^+(F)$$

이다.

천캐랙터(Chern character)

$$\mathrm{ch} : \{M상의\ 복소번들\} \to H^*(M)$$

은 환준동형(ring homomorphism)이므로

$$\mathrm{ch}(\Delta^+(T) - \Delta^-(T)) = \prod_{i=1}^{l} \mathrm{ch}(\Delta^+(P_i) - \Delta^-(P_i))이다.$$

$$\Delta^+(P_i) \otimes \Delta^+(P_i) = L_i,$$

$$\Delta^-(P_i) \otimes \Delta^-(P_i) = \overline{L_i}$$

라 두면, L_i는 $SO(2)$-번들이고 P_i는 $\mathrm{Spin}(2)$-번들이다.

복소라인번들 L_i와 L_j에 대하여

$$c_1(L_i \otimes L_j) = c_1(L_i) + c_1(L_j),$$

$$\mathrm{ch}(\Delta^+(P_i)) = e^{\frac{x_i}{2}}(L_i),$$

$$\mathrm{ch}(\Delta^-(P_i)) = e^{-\frac{x_i}{2}}(L_i)$$

이다.

따라서

$$\mathrm{ch}(\Delta^+(T) - \Delta^-(T)) = \prod_{i=1}^{l}\left(e^{\frac{x_i}{2}} - e^{-\frac{x_i}{2}}\right)(T \otimes \mathbb{C})$$

이다.

보통 $x_{l+1} = -x_i,\ i = 1, \cdots, l$로 생각한다.

따라서 디락연산자의 지표

$$\begin{aligned}
\mathrm{index}(\not{D}^+) &= \mathrm{ch}(\sigma(\not{D}^+) \cdot \mathrm{td}(T \otimes \mathbb{C})\ [TM] \\
&= (-1)^l \frac{\mathrm{ch}(\Delta^+(T) - \Delta^-(T))\ \mathrm{td}(T \otimes \mathbb{C})}{\mathrm{e}(T)}\ \ [M] \\
&= (-1)^l \cdot \frac{\prod_{i=1}^{l}\left(e^{\frac{x_1}{2}} - e^{-\frac{x_i}{2}}\right)}{\mathrm{e}(T)} \cdot \frac{\prod_{i=1}^{l} x_i}{\prod_{i=1}^{l}\left(1 - e^{-x_i}\right)} \cdot
\end{aligned}$$

$$\frac{\prod_{i=1}^{l}(-x_i)}{\prod_{i=1}^{l}\left(1 - e^{x_i}\right)}\ \ [M]$$

$$= (-1)^l \cdot \prod_{i=1}^{l} \frac{\frac{1}{2}x_i}{\frac{e^{\frac{x_1}{2}} - e^{-\frac{x_i}{2}}}{2}} \ [M]$$

$$= (-1)^l \cdot \prod_{i=1}^{l} \frac{\frac{x_i}{2}}{\sinh \frac{x_i}{2}} \ [M]$$

$$= (-1)^l \ \widehat{A} \ [M],$$

여기서 $\widehat{A} = \prod_{i=1}^{l} \frac{\frac{x_i}{2}}{\sinh \frac{x_i}{2}} \ (T \otimes \mathbb{C})$를 $\widehat{A}$-**지너스**($\widehat{A}$-genus)라 한다.

$\widehat{A}$는 짝수다항식(even polynomial)이므로, $\widehat{A}$은 M의 폰트리야긴 클래스(Pontryagin class)의 다항식이다.

| 정리 8.3.3 | $n = 2l$-차원 스핀다양체 M의 스핀지표는

$$\mathrm{Spin}(M) = (-1)^l \ \widehat{A} \ [M]$$

이다.

주의 (1) $\widehat{A}$-지너스를 차수로 나열하면

$\widehat{A} = \widehat{A}_0 + \widehat{A}_1 + \widehat{A}_2 + \widehat{A}_3 + \cdots$ 이다. 여기서

$\widehat{A}_0 = 1,$

$\widehat{A}_1 = -\frac{1}{24}p_1$

$\widehat{A}_2 = \frac{1}{5760}(4p_2 + 7p_1^2)$

$$\widehat{A}_3 = -\frac{1}{967680}(16p_3 - 44p_2p_1 + 31p_1^3)$$

$$\vdots$$

(2) $\widehat{A}$과 관련된 다항식 $\hat{A}$가 있다. 즉, 각 i에 대하여 $2^{4i}\widehat{A}_i = \hat{A}_i$인 관계에 있다.

❙정리 8.3.4❙

(1) $\hat{A}$은 $4k$-차원의 코호몰로지클래스(폰트리야긴클래스)의 합이므로, 만일 $\dim M = n = 2l$에서 l이 홀수이면 스핀지표 $\mathrm{Spin}(M) = 0$이다.

(2) $\hat{A}$에서 계수는 복잡한 유리수이지만 $\mathrm{Spin}(M) = \hat{A}\,[M]$은 항상 정수(integer)이다.

(3) 만일 M이 l-차원 복소다양체이고, 그의 탄젠트번들을 $T_{\mathbb{C}}$라 하면,

$$\begin{aligned}
\mathrm{td}(T_{\mathbb{C}}) &= \prod_{i=1}^{l} \frac{x_i}{1-e^{-x_1}}(T_{\mathbb{C}}) \\
&= \prod_{i=1}^{l} e^{\frac{x_i}{2}} \frac{x_i}{e^{\frac{x_i}{2}} - e^{-\frac{x_i}{2}}} \\
&= \prod_{i=1}^{l} e^{\frac{x_i}{2}} \cdot \prod_{i=1}^{l} \frac{\frac{x_i}{2}}{\frac{e^{\frac{x_i}{2}} - e^{-\frac{x_i}{2}}}{2}} \\
&= e^{\frac{1}{2}c_1} \cdot \hat{A}(M)
\end{aligned}$$

이다. 즉, $\mathrm{td}(T_{\mathbb{C}}) = e^{\frac{1}{2}c_1} \cdot \hat{A}(M)$이다.

예 8.3.5

(1) 복소사영공간 $\mathbb{CP}^n$에 대하여, n이 짝수이면 $\mathbb{CP}^n$은 스핀이 아니고 n이 홀수이면 $\mathbb{CP}^n$은 스핀이지만 $\mathrm{Spin}(\mathbb{CP}^n) = 0$이다.

(2) $M = \mathbb{CP}^1 \times \mathbb{CP}^1 = S^2 \times S^2$에 대하여 M이 방향을 가지므로 $\omega_1(TM) = 0$이고

$$\begin{aligned}\omega_2(TM) &= c_1(TM) = c_1(TS^2) + c_1(TS^2)\\ &= 2h_1 + 2h_2 = 0 \pmod 2\end{aligned}$$

이다. 여기서 $h \in H^2(S^2, \mathbb{Z})$의 생성원(generator)이다.

따라서 M은 스핀다양체이다.

M의 전천클래스(total Chern class)는

$$\begin{aligned}c(TM) &= c(\mathbb{CP}^1) \cdot c(\mathbb{CP}^1) = (1+h_1)^2 \cdot (1+h_2)^2\\ &= 1 + 2(h_1+h_2) + (h_1^2 + 4h_1h_2 + h_2^2)\\ &= 1 + 2(h_1+h_2) + 4h_1h_2.\end{aligned}$$

$$c_1 = 2(h_1+h_2),\ c_2 = h_1^2 + 4h_1h_2 + h_2^2 = 4h_1h_2,$$

$$p_1 = c_1^2 - 2c_2 = 4 \cdot 2h_1h_2 - 2 \cdot 4h_1h_2 = 0$$

이다.

따라서 $\mathrm{Spin}(M) = -\dfrac{p_1}{24}[M] = 0,$

$$\mathrm{Sign}(M) = \frac{1}{3}p_1\ [M] = 0$$

$\mathrm{e}(M) = c_2[M] = 4h_1h_2[S^2 \times S^2] = 4$이다.

M이 n-차원 스핀다양체로서 리만메트릭 $\langle\ ,\ \rangle$을 가졌다 하자.
M은 유일한 리만커넥션 ∇와 그의 곡률텐서 R을 갖는다.
$\{\varepsilon_i\}$을 탄젠트공간 T_pM의 직교정규기저라 하자.
앞에서 정의한 곡률을 다시 상기하자.

❙ 정의 8.3.6 ❙

(1) (0, 2)-텐서필드 $\mathcal{R}$, 다음과 같이 정의된,

$$\mathcal{R} : TM \times TM \xrightarrow{R(\ ,\bullet)\bullet} \mathrm{End}(TM) \xrightarrow{\mathrm{trace}} \mathbb{R},$$

$$\mathcal{R}(U, V) = \mathrm{trace}\, R(\ \ , U)V$$

를 ∇의 **리치텐서필드**(Ricci tensor field)라 한다.

(2) **리치곡률**(Ricci curvature)는

$$\gamma : TM - \{0\} \to \mathbb{R},$$

$$\gamma(v) = \frac{\mathcal{R}(v, v)}{|v|^2},\quad v \neq 0 \in TM$$

로 정의한다.

(3) M의 **스칼라곡률**(scalar curvature)

$$s : M \to \mathbb{R},$$

$$s(p) = \sum_j \mathcal{R}(\varepsilon_j, \varepsilon_j) = \sum_{i,j} \langle R(\varepsilon_i, \varepsilon_j)\varepsilon_j, \varepsilon_i \rangle$$

로 정의한다.

(4) 상수 리치곡률을 갖는 다양체를 **아인슈타인다양체**(Einstein manifold)라 한다.

(5) M상의 $(0, s)$-텐서필드 Z의 **다이버전스**(divergence) $(0, s-1)$-텐서필드 $\operatorname{div} Z$는 각 점 $p \in M$, $v_1, \cdots, v_{s-1} \in T_pM$에 대하여

$$(\operatorname{div} Z)_p(v_1, \cdots, v_{s-1}) = \sum_i (\nabla_{\varepsilon_i} Z)(\varepsilon_i, v_1, \cdots, v_{s-1})$$

로 정의한다.

(6) d의 듀알 δ를

$$\delta : \Omega^s(M) \to \Omega^{s-1}(M)$$

$$\begin{aligned} \phi \mapsto \delta(\phi) &:= -\operatorname{div} \phi \\ &= (-1)^{n(s+1)+1} * d * \phi \end{aligned}$$

로 정의한다.

(7) 각 원소 $\phi \in \Omega^s(M)$에 대하여 $(0, s)$-텐서필드

$$\begin{aligned} &\rho_\phi(v_1, \cdots, v_s) \\ &= \sum_{i=1}^{n} \sum_{j=1}^{s} (R(\varepsilon_i, v_j)\phi)(v_i, \cdots, v_{j-1}, \varepsilon_i v_{j+1}, \cdots, v_s) \end{aligned}$$

로 정의한다.

| 정리 8.3.7 | 바이젠보크공식(Weitzenböck formula)

(1) $\Delta\phi = -\operatorname{div}\nabla\phi + \rho_\phi$, $\phi \in \Omega^p(M)$

(2) $\langle \Delta\phi, \phi \rangle = \frac{1}{2}\Delta|\phi|^2 + |\nabla\phi|^2 + \langle \rho_\phi, \phi \rangle$. ■

| 정리 8.3.8 | **리크너로비츠공식(Lichnerowicz Formula)**

각 원소 X, $Y \in \Gamma(\Delta(T))$에 대하여

(1) $\not{D}^2 X = -\operatorname{div}(\nabla X) + \frac{s}{4} X$

(2) $\langle \not{D}^2 X, Y \rangle = \frac{s}{4} \langle X, Y \rangle + \langle \nabla X, \nabla Y \rangle - \delta \langle \nabla X, Y \rangle$

여기서 $\langle \nabla X, Y \rangle$은 1-폼, $v \mapsto \langle \nabla_v X, Y \rangle$이다.

| 계 8.3.9 |

만일 M이 프랫(flat)이면 $\Delta = -\operatorname{div}\nabla = \not{D}$이다.

증명은 미분기하학 책(54)을 참조하시오.

8.4 사차원다양체(Four-Manifolds)

M을 콤팩트 단순연결 4-차원 미분다양체라 하자.

다음과 같은 일대일 대응이 있다.

$$\{\mathbb{C}^2 \to E \to M: SU(2) - \text{번들}\} \leftrightarrow [X, S^4] \leftrightarrow H^4(M, \mathbb{Z}) \simeq Z$$

$$[E] \leftrightarrow [f] \leftrightarrow c_2(E)$$

$c_2(E) = -1$인 번들 E을 고정하고, $SU(2) = G$라고 하자.

$\mathscr{G}_E \to M$을 리대수번들(Lie algebra bundle), E상의 컨넥션들의 집합 $C(E) \simeq \Omega^1(\mathscr{G}_E)$상에 게이지군(gauge group) G_E이 작용한다.

| 정의 8.4.1 | **양-밀즈작용맵**(Yang–Mills Action Functional)

$$\mathscr{Y}_m : C(E) \to \mathbb{R},$$
$$\mathscr{Y}_m(\nabla) = \frac{1}{2}\int_M |R^\nabla|^2 dvol$$

을 정의한다.

호지스타연산자 $* : \Omega^2(\mathscr{G}_E) \to \Omega^2(\mathscr{G}_E)$는 $*^2 = 1$이 되므로 $*$는 (± 1)-고유공간으로 분해된다.

$* R^\nabla = R^\nabla$일 때 ∇을 **셀프-듀알콘넥션**(self-dual connection)이라 한다. 즉, $R^\nabla = R^{\nabla +}$이고 $R^{\nabla -} = 0$이다.

$|R^\nabla| = |R^{\nabla +}| + |R^{\nabla -}|$이므로 양-밀즈작용맵은 셀프-듀알컨넥션에서 최소값을 갖는다.

$$\mathscr{M}(E) = \frac{\{\nabla \in \tau(E) \mid * R^\nabla = R^\nabla\}}{G_E}$$

을 **도널드슨 모듀라이공간**(Donaldson moduli space)라 한다.

모듀라이공간 $\mathscr{M}(E)$는 일반적으로 스므스한 다양체이며 번들분리 때문에 $H^2(M, \mathbb{Z})$의 베티수 $b_2(M)$개의 특이점(singularity)를 갖는다.

$\mathscr{M}(E)$의 차원을 구하기 위하여, $\nabla \in \mathscr{M}(E)$의 탄젠트공간의 차원을 구하면 된다.

기본콤프렉스(fundamental complex)

$$0 \longrightarrow \Omega^0(\mathscr{G}_E) \underset{\delta^\nabla}{\overset{d^\nabla}{\rightleftarrows}} \Omega^1(\mathscr{G}_E) \xrightarrow{d_-^\nabla} \Omega_-^2(\mathscr{G}_E) \to 0$$
$$\simeq \delta^\nabla + d_-^\nabla : \Omega^1(\mathscr{G}_E) \to \Omega^0(\mathscr{G}_E) \oplus \Omega_-^2(\mathscr{G}_E)$$

의 복소화(complexification)이 뒤틀린 디락연산자(twisted Dirac operator)

$$\not{D}:\ \Gamma(\Delta^+(T)\otimes\Delta^-(T)\otimes\mathscr{G}_{\mathbb{C}})\to\Gamma(\Delta^-(T)\otimes\Delta^-(T)\otimes\mathscr{G}_{\mathbb{C}})$$

가 된다. 아티야-싱어지표정리에 의하여

$$\begin{aligned}&\mathrm{ind}(\not{D})\\&=\mathrm{ch}(\Delta^-(T))\cdot\mathrm{ch}(og_{\mathbb{C}})\cdot\widehat{A}(TM)\ [X]\\&=\left[2-\frac{1}{2}p_1(\Delta^-(T))\right]\left[3+\frac{1}{2}p_1(\mathscr{G}_{\mathbb{C}})\right]\left[1-\frac{1}{24}p_1(T)\right]\ [X]\\&=8-\frac{3}{2}[\chi(X)-\sigma(X)]=5\end{aligned}$$

이다.

| 정리 8.4.2 | 도널드슨정리(Donaldson Theorem)

M이 컴팩트 단순연결 4-차원 미분다양체이고 $b_2^-(M)=0$ (positive definite)이면, 모듈라이공간 $\mathscr{M}(E)$은 5-차원 다양체로서 M과 $b_2(M)$개의 $\mathbb{CP}^2$의 코보디즘(cobordism)이다.

다음은 정리 8.4.2의 그림이다.

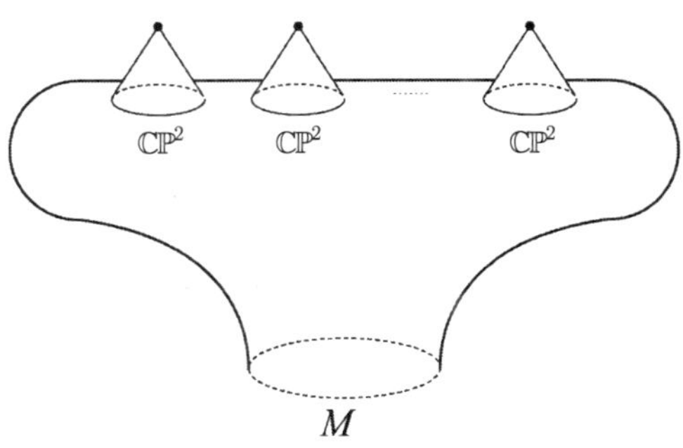

$$\partial\left(\overline{\mathscr{M}(E) - \text{근방}(\text{특이점})}\right) = M \cup \left(\coprod_{b_2(M)} \mathbb{CP}^2\right).$$

다시 말하면 M의 **교차형**(intersection form) ω은 대각행렬 (diagonal matrix) $(1) \oplus \cdots \oplus (1)$이다.

| 정의 8.4.3 | 사차원다양체 M의 **교차형**(intersection form)은

$$\omega : H^2(M\,;\,\mathbb{Z}) \otimes H^2(M\,;\,\mathbb{Z}) \to \mathbb{Z}$$
$$\omega(\alpha,\ \beta) = \alpha \cup \beta\ [M] = \int_M \alpha \wedge \beta = A \cdot B$$

이다. 여기서 $PD(\alpha) = A$, $PD(\beta) = B$이다.

(1) 만일 $M = S^4$이면 $\omega = \phi$이다.

(2) 만일 $M = S^2 \times S^2$이면 $\omega = \begin{pmatrix} 0 & 1 \\ 1 & 0 \end{pmatrix} \equiv H$이다.

(3) 만일 $M = \mathbb{CP}^2$이면 $\omega = (1)$이다.

(4) 쿰머곡면(Kummer surface) $\left\{ [z_0,\ z_1,\ z_2,\ z_3] \in \mathbb{CP}^3 \mid \sum_{i=0}^{3} z_i^4 = 0 \right\}$은 $\omega = -2E_8 \oplus 3H$이다.

여기서

$$h = \begin{pmatrix} 0 & 1 \\ 1 & 0 \end{pmatrix}, \quad E_8 = \begin{bmatrix} 2 & 1 & 0 & 0 & 0 & 0 & 0 & 0 \\ 1 & 2 & 1 & 0 & 0 & 0 & 0 & 0 \\ 0 & 1 & 2 & 1 & 0 & 0 & 0 & 0 \\ 0 & 0 & 1 & 2 & 1 & 0 & 0 & 0 \\ 0 & 0 & 0 & 1 & 2 & 1 & 0 & 0 \\ 0 & 0 & 0 & 0 & 1 & 2 & 1 & 0 \\ 0 & 0 & 0 & 0 & 0 & 1 & 2 & 0 \\ 0 & 0 & 0 & 0 & 1 & 0 & 0 & 2 \end{bmatrix}$$

이다.

❙ 정리 8.4.4 ❙ 프리드만정리(Freedman Theorm)

콤팩트 단순연결 위상적 사차원다양체는

$$\left\{(\omega,\ \alpha)\mid \text{만일 } \omega(a,\ a)=0\ (\mathrm{mod}\ 2)\ \ {}^{\forall}a\in H^2(M\ ;\ \mathbb{Z})\text{이면}\right.$$
$$\left.\frac{\sigma(\omega)}{8}=\alpha\ \mathrm{mod}\ 2\right\}$$

와 일대일 대응이다.

❙ 계 8.4.5 ❙

(1) $2E_8$를 교차형으로 갖은 4차원 위상적 다양체는 존재하지만 미분다양체는 없다.

(2) 위상적 $\mathbb{R}^4$내에는 무수히 많은 서로 다른 미분구조가 있다.

(3) 모든 유니마듈로(unimodular) 행렬 ω에 대응되는 콤팩트 사차원다양체는 존재하며 ω가 짝수폼(even form)이면 유일하고 홀수폼(odd form)이면 2개가 대응된다. 그러나 스므스한 콤팩트 사차원다양체가 존재하기 위해서는 도널드슨정리를 만족해야 한다.

CHAPTER 09

홀수 차원 다양체 (Odd Dimensional Manifolds)

9.1 홀수 차원 다양체(Odd Dimensional Manifolds)

M을 $(2n+1)$-차원 미분다양체라 하자.

본 장은 참고문헌(8, 9, 10, 11, 13, 42)를 기초로 하였다.

❙ 정의 9.1.1 ❙

(1) M상의 **준코복소구조**(almost co-complex structure)는 다음 조건을 만족하는 (φ, ξ, η)이다:

(i) φ는 (1, 1)-텐서,

(ii) $\xi \in \Gamma(TM)$는 벡타장,

(iii) $\eta \in \Omega^1(M)$는 1-폼,

각 점 $x \in M$에서

$$\begin{cases} \varphi_x^2 = -I + \eta_x \otimes \xi_x \\ \eta_x(\xi_x) = 1 \end{cases}$$

을 만족한다.

이때 (M, φ, ξ, η)를 **준코복소다양체**(almost co-complex manifold)라 한다.

(2) 만일 (M, g)가 리만다양체이고, 각 벡타장 $X, Y \in \Gamma(TM)$에 대하여

$$g(\varphi X, \varphi Y) = g(X, Y) - \eta(X)\eta(Y)$$

이면, $(M, g, \varphi, \xi, \eta)$를 **준코헐미션**(almost co-Hermition)

혹은 **준콘탁트메트릭다양체**(almost contact metric manifold)라 한다.

준코헐미션다양체 M의 탄젠트번들

$$TM = H \oplus \mathbb{R}$$

은 복소벡타번들 $\mathbb{C}^n \to H \to M$과 $\mathbb{R} \to M \times \mathbb{R} \to M$로 분해되고 구조군(structure group)은 $U(n) \oplus (1)$이 된다.

여기서 φ가 H의 복소구조이다.

(3) $(M, g, \varphi, \xi, \eta)$가 준헐미션다양체일 때 **기본2-폼**(fundamental 2-form) Φ를

$$\Phi(X, Y) = g(X, \varphi Y), \ X, Y \in \Gamma(TM)$$

로 정의한다.

또한 $(2n+1)$-폼 $\Phi^n \wedge \eta$는 M상에서 0이 아니므로 M은 방향(orientation)을 갖는다.

(4) 준코헐미션다양체 (M, φ, ξ, η)에서

(i) **니젠후이스텐서**(Nijenhuis tensor) N_φ는 (1,2)-타입

$$N_\varphi(X, Y) = [\varphi X, \varphi Y] - [X, Y] - \varphi[\varphi X, Y] - \varphi[X, \varphi Y],$$
$$X, Y \in \Gamma(TM)$$

으로 정의한다.

여기서 [,]는 리브라켓(Lie bracket)이다.

(ii) 준코복소구조 (φ, ξ, η)가 **적분가능**(integrable)이란 $N_\varphi = 0$이고, **정규**(normal)이란 $N_\varphi + 2d\eta \otimes \xi = 0$이다.

| 정의 9.1.2 | 준코헐미션다양체 $(M, g, \varphi, \xi, \eta, \Phi)$에 대

하여

(1) M이 **준코심플렉틱**(almost cosymplectic) 혹은 **준코켈러**(almost coKähler)란 $d\Phi = 0 = d\eta$일 때다.

(2) M이 **콘탁트**(contact) 혹은 **준사사키**(almost Sasakian)란 $\Phi = d\eta$일 때다.

(3) M이 **준 C-다양체**(almost C-manifold)란 $d\Phi = 0$, $d\eta \neq 0$, $d\eta \neq \Phi$일 때다.

(4) M이 **코심플렉틱**(cosymplectic) 혹은 **코켈러**(coKähler)란 M이 적분가능한 준코심플렉틱일 때다.

(5) M이 **사사키**(Sasakian)란 M이 정규이고 준사사키일 때다.

(6) M이 **C-다양체**(C-manifold)란 M이 정규이고 준 C-다양체일 때다.

(7) M이 **준켄모츠**(almost Kenmotsu)란 $d\eta = 0$이고

$d\Phi(X, Y, Z) = \frac{2}{3}\Sigma\eta(X)\Phi(Y, Z)$일 때다.

여기서 Σ는 순환합(cyclic sum)이다.

(8) M이 **켄모츠**(Kenmotsu)란 M이 정규이고 준켄모츠일 때다.

❙ 정리 9.1.3 ❙ 준코헐미션다양체 $(M, g, \varphi, \xi, \eta)$의 리만콘넥션(Riemann connection)을 ∇라 하자.

(1) M이 코켈러일 필요충분조건은 $\nabla\varphi = 0$이다.

(2) M이 사사키일 필요충분조건은

$(\nabla_X\varphi)Y = g(X, Y)\xi - \eta(Y)X$, $X, Y \in \Gamma(TM)$이다.

(3) M이 켄모츠일 필요충분조건은

$(\nabla_X\varphi)(Y) = g(\varphi X, Y)\xi - \eta(Y)\varphi X$, $X, Y \in \Gamma(TM)$이다.

(4) M이 코켈러이면

$R(X,\ Y,\ Z,\ W) = R(X,\ Y,\ \varphi Z,\ \varphi W),\ X, Y, Z, W \in$ $\Gamma(TM)$이다.

(5) M이 사사키이면

$$\begin{aligned} &R(X,\ Y,\ Z,\ W) \\ &= R(X,\ Y,\ \varphi Z,\ \varphi W) - g(X,\ Z)g(Y,\ W) \\ &\quad + g(X,\ W)g(Y,\ Z) + g(X,\ \varphi Z)g(Y,\ \varphi W) \\ &\quad - g(X,\ \varphi W)g(Y,\ \varphi Z),\ X, Y, Z, W \in \Gamma(TM) \end{aligned}$$
이다.

(6) M이 켄모츠이면

$$\begin{aligned} &R(X,\ Y,\ Z,\ W) \\ &= R(X,\ Y,\ \varphi Z,\ \varphi W) + g(X,\ Z)g(Y,\ W) \\ &\quad - g(X,\ W)g(Y,\ Z) - g(X,\ \varphi Z)g(Y,\ \varphi W) \\ &\quad + g(X,\ \varphi W)g(Y,\ \varphi Z),\ X, Y, Z, W \in \Gamma(TM) \end{aligned}$$
이다. ■

▌정리 9.1.4▐ 만일 $(M,\ g,\ \varphi,\ \xi,\ \eta,\ \Phi)$이 $(2n+1)$-차원 콤팩트 코심플렉틱다양체이면, M의 모든 베티수

$$b_i(M) \neq 0,\ i = 0,\ 1,\ \cdots,\ 2n+1$$

이다.

(증명) M이 코심플렉틱다양체이므로 $\eta \wedge \Phi^n \neq 0$,

$d\eta = 0,\ d\Phi = 0$이고 $\eta \in H^1(M),\ \Phi \in H^2(M)$이다.

수학적 귀납법에 의하여

$d(\eta^{k_1} \wedge \Phi^{k_2}) = 0,\ k_1,\ k_2 \in \mathbb{N}$이다.

$\eta^{k_1} \wedge \Phi^{k_2} \in H^k(M)$, 여기서 $k = k_1 + 2k_2$이다.

따라서 모든 베티수 $b_i(M) \neq 0,\ i = 0,\ 1,\ \cdots,\ 2n+1$이다. ■

예 9.1.5

(1) S^{2n+1}은 콤팩트 사사키다양체이다.

(2) N이 콤팩트 켈러다양체이면, $M = N \times S^1$은 콤팩트 코심플렉틱다양체이다.

(3) $M = \mathbb{CP}^n \times S^1$이면, M은 콤팩트 코심플렉이고,

$$\begin{aligned} H^*(M) &= H^*(\mathbb{CP}^n) \otimes H^*(S^1) \\ &= \left[\left(H^0(\mathbb{CP}^n) \oplus H^2(\mathbb{CP}^n) \oplus \cdots \oplus H^{2n}(\mathbb{CP}^n)\right)\right] \otimes \\ &\quad \left[H^0(S^1) \oplus H^1(S^1)\right] \end{aligned}$$

이므로 $b_i(M) = 1,\ i = 0, 1, \cdots, 2n+1$이다.

9.2 심플렉틱타입 불변량(Symplectic Type Invariants)

이 장에서는 참고문헌(8, 9, 10, 11, 그리고 13)의 내용을 소개하자.

준 코헐미션다양체 $(M, g, \varphi, \xi, \eta, \Phi)$가 정의9.1.2의 (1)~(6) 중 하나를 만족한다고 하자. 그러면 $d\Phi = 0$이다.

탄젠트번들 TM은 $TM = H \oplus \langle \xi \rangle \to M$로 분리된다.

여기서 $\mathbb{C}^n \to H \to M$은 심플렉틱벡타번들이며 심플렉틱폼은 Φ이고 복소구조는 φ이다.

$\mathbb{R} \to \langle \xi \rangle \to M$은 벡타장 ξ에 의해 생성된 실라인(real line)번들이다.

심플렉틱다양체에서 퀀텀코호몰지, 플로에코호몰로지, 그리고 아놀드추측 등을 증명하였다. 위의 조건을 만족하는 준코헐미션 다양체에서 퀀텀타입 코호몰로지, 플로에타입 코호몰로지, 그리고 아놀드타입 정리를 얻을 수 있다.

❙9.2.1❙ 퀀텀타입 코호몰로지(quantum type cohomology) (6.3 참조)

호몰로지클래스 $A \in H_2(M)$에 대하여, **준코홀로모르픽맵**(almost coholomorphic map)

$$u: \Sigma \to M, \ \varphi \circ du = du \circ j$$

이 A를 나타낸다고 하자. $u_*[\Sigma] = A$.

A를 나타내는 준코홀로모르픽 맵의 모듀라이공간(moduli space)은

$$\begin{aligned}&\mathcal{M}_{g,k}(M, A)\\&= \{u \mid u: \Sigma \to M, \ u_*[\Sigma] = A, \ du \circ j = \varphi \circ du\}\end{aligned}$$

이다.

이벨류에이션맵(evaluation map)

$$\mathrm{ev}: \mathcal{M}_{g,k}(M, A) \to M^k, \ [u, z_1, \cdots, z_k] \mapsto (u(z_1) \cdots u(z_k)),$$

그로모브-위튼타입 불변량(Gromov-Witten type invariant)

$$\Phi_{g,k}^{M,A}: H^*(M^k) \to \mathbb{Q}, \ \Phi_{g,k}^{M,A}(\alpha) = \int_{\mathcal{M}_{g,k}(M,A)} \mathrm{ev}^*(\alpha),$$

퀀텀곱(quantum product) $*$는 $\alpha \in H^k(M)$, $\beta \in H^l(M)$에 대하여

$$\alpha * \beta = \sum_{A \in H_2(A)} (\alpha * \beta)_A \quad q^{c_1(H)(A)/N}$$

이다. 여기서 q는 차수가 $2N$인 보조변수, N는 $c_1(H)$에 대한 최소천수이며, $(\alpha * \beta)_A \in H^{k+l-2c_1(N)(A)}(M)$이며

$$\int_C (\alpha * \beta)_A = \Phi_{g,3}^{M,A}(\alpha \otimes \beta \otimes \gamma), \quad C \in H_{k+l-2c_1(H)(A)}(M),$$

여기서 $\gamma = PD(C)$이다.

퀀텀타입 코호몰로지(quantum type cohomology)

$$QH^*(M) = H^*(M) \otimes \mathbb{Q}\,[q]$$

는 환(ring) 구조를 갖는다.

▎9.2.2▎ 퀀텀타입 플로에타입 코호몰로지(quantum type cohomology) :

M상의 축소프리루프공간(space of contractible free loops) LM의 범피복공간

$$\widetilde{LM} = \Big[(x,\ [u]) \mid x \in LM,\ \ u:\ D^2 \to M,\ \ u|_{s^1} = x,$$
$$[u] = \Big\{ v \mid v:\ D^2 \to M,\ \ v|_{s^1} = x,\ \ u \#(-v) = 0 \in H_2 M \Big\} \Big]$$

에서 **심플렉틱타입 작용맵**(symplectic type action functional)을 정의한다. 즉

$$a_H:\ \widetilde{LM} \to \mathbb{R},$$

$$a_H(x,\ [u]) = -\int_{D^2} u * \Phi - \int_0^1 H_t(x(t))\,dt$$

여기서 $H_t = H_{t+1}:\ M \to \mathbb{R}$는 해밀톤맵이며 해밀톤벡타장은

X_H, $\Phi(X_H, \bullet) = dH$이다.

(6.4)에서와 같이 맵 a_H에 대하여 모스이론(Morse theory) 이용하여 **플로에타입 코호몰로지**(Floer type cohomology) $FH^*(M)$을 유도할 수 있다.

| 정리 9.2.3 | 아놀드타입 정리(Arnold Type Theorem)

해밀톤맵 $H: M \to \mathbb{R}$은 해밀톤타입 벡타장 X_H, $\Phi(X_H, \bullet) = dH$을 유도하고, X_H는 **해밀톤동형**(Hamiltonian mophism) $\phi_H: M \to M$을 생성한다. 퀀텀타입 코호몰로지와 플로에타입 코호몰로지가 동형임을 이용하면 다음의 부등식을 얻는다.

$$\# \operatorname{Fix}(\phi_H) \geq \sum_{i=0}^{2n+1} b_i(M)$$

여기서 $b_i(M)$는 i-번째 M의 베타수이다. ■

다음은 짝수차원 다양체와 홀수차원 다양체의 불변량을 비교해 보자.

준코헐미션다양체 $(M_i, g_i, \varphi_i, \xi_i, \eta_i, \Phi_i)$, $i = 1, 2$의 곱을 $M = M_1 \times M_2$라 하자.

M상에 메트릭 g를 $X_i \in TM_1$, $Y_i \in TM_2$에 대하여

$$g((X_1, Y_1), (X_2, Y_2)) = g_1(X_1, X_2) + g_2(Y_1, Y_2)$$

로 정의하고

$$J(X, Y) = (\varphi_1 X + \eta_2(Y)\xi_1, \varphi_2 Y - \eta_1(X)\xi_2)$$

로 정의하면

| 정리 9.2.4 | $M = M_1 \times M_2$상에서

(1) $J^2 = -I$,

(2) 기본2-폼은 $\Phi = \Phi_1 + \Phi_2 + \eta_1 \wedge \eta_2$,

(3) 만일 $\Phi_i,\ \eta_i,\ i = 1, 2$가 닫혀있으면 $d\Phi = 0$이다.

(4) 만일 $M_i,\ i = 1, 2$가 코심플렉틱이면, M은 켈러이다.

| 정리 9.2.5 | $(M^{2n_1},\ g_1,\ J_1,\ \omega)$는 심플렉틱다양체이고 $(M_2^{2n_2+1},\ g_2,\ \varphi_2,\ \xi_2,\ \eta_2,\ \Phi_2)$는 준헐미션다양체이며 곱 $(M = M_1 \times M_2,\ g,\ J,\ \Phi)$이 위와 같이 정의됐다고 하자.

(1) M_2가 콘탁트이면, M은 준C-다양체이다.

(2) M_2가 C-다양체이면, M은 준C-다양체이다.

(3) M_2가 준코심플렉틱이면, M도 준코심플렉틱이다.

정리 9.2.5에서 구성된 $(M,\ g,\ J,\ \Phi)$를 (9.2.1)~(9.2.3)에 적용할 수 있다.

| 정리 9.2.6 | 호몰로지클래스 $A = A_1 + A_2 \in H_2(M_1) \oplus H_2(M_2) \subset H_2(M)$에 대하여

(1) 모듈라이공간
$\mathscr{M}_{0,3}(M,\ A) \simeq \mathscr{M}_{0,3}(M_1,\ A_1) \times \mathscr{M}_{0,3}(M_2,\ A_2)$는 위상동형이다.

(2) 그로모브-위튼불변량은 $\alpha = \alpha_1 \oplus \alpha_2 \in H^*(M_1) \otimes H^*(M_2)$에 대하여 $\Phi_{0,3}^{M,\ A}(\alpha) = \Phi_{0,3}^{M_1,\ A_1}(\alpha_1) \cdot \Phi_{0,3}^{M_2,\ A_2}(\alpha_2)$이다.

(3) 퀀텀코호몰로지는 $QH^*(M) \simeq QH^*(M_1) \otimes QH^*(M_2)$이다.

예 9.2.7

다음의 예는 정의 (9.1.2)의 (1)~(6) 중의 하나를 만족한다. 이 예를 (9.2.1)~(9.2.3)에 적용할 수 있다.

(1) 심플렉틱다양체 M_1상의 서클 S^1 번들 M :

$$S^1 \to M \to M_1 .$$

(2) 심플렉틱다양체 M_1상의 준코심플렉틱 파이버 M_2의 파이브레이션 M :

$$M_2 \to M \to M_1 .$$

(3) 켈러다양체 M_1상의 모스맵(Morse map)의 정칙값의 원상 M :

$$M = f^{-1}(a) \longrightarrow M_1 \xrightarrow{f} \mathbb{R}, \ a\text{는 } f\text{의 정칙값}.$$

(4) 코심플렉틱다양체의 곱($M = M_1 \times M_2$)은 켈러다.

(5) 준코심플렉틱다양체 M_1상의 심플렉틱 파이버 M_2의 파이브레이션 M :

$$M_2 \to M \to M_1 .$$

CHAPTER 10 분류공간과 아일렌버그-매클래인 공간 (Classifying Space and Eilenberg-MacLane Space)

10.1 분류공간(Classifying Space)

공간 상의 벡타번들은 공간의 위상과 벡타공간을 붙이는 구조군(structure group)에 의해서 결정된다. 구조군에 의하여 결정되는 범공간(universal space), 즉 분류공간이 존재한다.

| 정의 및 정리 10.1.1 | G가 위상군(topological group)이면

(1) G가 자유작용(free action)하는 수축공간(contractible space) EG가 존재한다.

(2) 상공간(quotient space)을 $BG = EG/G$라 하면,

$$G \to EG \to BG$$

는 BG를 기저공간(base space)로 하는 주G-번들(principal bundle)이 된다.

이때 BG를 G의 **분류공간**(classifying space)라 한다.

예 10.1.2

(1) $G = \mathbb{Z}$이면 $\mathbb{Z}$의 $\mathbb{R}$상의 작용

$$\mathbb{Z} \times \mathbb{R} \to \mathbb{R},\ (n, r) \mapsto n + r$$

은 프리(free)이다.

$EG = \mathbb{R}$이고 $BG = \mathbb{R}/\mathbb{Z} = S^1$이며 $\mathbb{Z} \to \mathbb{R} \to S^1$은 주$\mathbb{Z}$-

번들이다.

(2) $G = S^1 = u(1)$이면,

우선 호프번들(Hopf bundle)

$$S^1 \to S^{2n+1} \to \mathbb{CP}^n = S^{2n+1} / S^1$$

에서 $\pi_i(S^{2n+1}) = 0,\ i \leq 2n$이다.

만일 $n \to \infty$이면

$$S^1 \to S^\infty \to \mathbb{CP}^\infty$$

에서 모든 i에 대해서 $\pi_i(S^\infty) = 0$ 이다.

따라서 $ES^1 = S^\infty$이고 $BS^1 = \mathbb{CP}^\infty$이다.

(3) $G = S^3 = SU(2)$이면 (2)에서와 같이 호프번들

$$S^3 \to S^{4n+3} \to \mathbb{HP}^n$$

에서 $\pi_i(S^{4n+3}) = 0,\ i < 4n+3$, 이다.

만일 $n \to \infty$이면

$$S^3 \to S^\infty \to \mathbb{HP}^\infty$$

가 된다.

따라서 $ES^3 = S^\infty$이고 $BS^3 = \mathbb{HP}^\infty$이다.

(4) $G = SO(3)$이면 (2)와 (3)에서와 같이 주 $SO(3)$-번들

$$SO(3) \to ESO(3) \to BSO(3)$$

에서 $BSO(3) = G(3, \infty)$는 $\mathbb{R}^\infty$에서 방향을 갖는 $\mathbb{R}^3$들의 그라스만(Grassmann)이고, $ESO(3)$는 각 방향을 갖는 $\mathbb{R}^3$

에 $SO(3)$를 파이버로 하는 전공간(total space)이다.

M이 위상공간이고, $f : M \to BG$는 연속이면 f에 의한 당김번들(fullback bundle) $f^*(EG)$는 M상의 주 G-번들이다. 즉

$$\begin{array}{ccc} G & & G \\ \downarrow & & \downarrow \\ f^*EG & \rightarrow & EG \\ \downarrow & & \downarrow \\ M & \xrightarrow{\quad f \quad} & BG \end{array}$$

은 번들맵이다.

┃정리 10.1.3┃ 만일 $G \to E \to M$이 주 G-번들이면 연속인 맵 $f : M \to BG$가 존재하며 E와 $f^*EG \to M$는 번들동형이다.

$$\begin{array}{ccccc} G & & G & & G \\ \downarrow & & \downarrow & & \downarrow \\ E & \xrightarrow{\simeq} & f^*EG & \longrightarrow & EG \\ \downarrow & \swarrow & & & \downarrow \\ M & & \xrightarrow{\qquad f \qquad} & & BG \end{array}$$

■

┃주의 10.1.4┃
정리10.1.3에 의하여 M상의 모든 G-번들은 분류공간 BG로부터 유도됨을 알 수 있다.

10.2 아일렌버그-매클래인 공간(Eilenberg-MacLane Space)

유클리트공간의 셀(cell)의 경계(boundary)를 붙여서 CW-복체(CW-complex)인 위상공간을 만들고 붙이는 방법과 셀의 갯수에 따라 호모토피(homotopy)가 결정된다. 아일렌버그-매클래인 공간은 공간의 호모토피 타입을 구성하는 데 중요한 역할을 한다.

| 정의 및 정리 10.2.1 | π는 군(group)이고, $n \geq 0$ 정수이면 n-번째 호모토피군만 π인 CW-복체 $k(\pi, n)$이 존재한다.
만일 $n \geq 2$이면 π는 아벨군(abelian group)이어야 한다.

$$\text{즉, } \pi_i(k(\pi, n)) = \begin{cases} \pi, & i = n \\ 0, & i \neq n \end{cases}$$

이때 $k(\pi, n)$을 **아일렌버그-매클래인공간**(Eilenberg-MacLane space)라 한다. ■

예 10.2.2 아일렌버그-매클래인공간의 예 :

(1) $k(\mathbb{Z}, 1) = B\mathbb{Z} = S^1$

(2) $k(\mathbb{Z}, 2) = BU(1) = \mathbb{CP}^\infty$

(3) $k(\mathbb{Z}, 4) = BSU(2) = BS^3 = \mathbb{HP}^\infty$

| 정리 10.2.3 | 주 G-번들 $G \to P \to B$에 대하여 호모토피 완전열(homotopy exact sequence)

$$\to \pi_i G \to \pi_i P \to \pi_i B \to \pi_{i-1} G \to \pi_{i-1} P \to \cdots$$

이 존재한다.

예10.2.2는 정리10.2.3으로부터 얻을 수 있다.

| 정리 10.2.4 |

공간 M의 코호몰로지군과 호모토피클래스 사이에

$$H^n(M, \pi) \stackrel{\sim}{\longleftrightarrow} [\, M,\ k(\pi, n)\,]$$

일대일대응관계(one-to-one correspondence)가 있다.

(증명) 후레비츠정리(Hurewicz theorem)와 범계수정리(universal coefficient theorem)에 의하여

$$H^n(k(\pi, n)) \stackrel{\sim}{\longleftrightarrow} \mathrm{Hom}(\pi, \pi)$$

이 동형이다.

임의의 맵 $f: M \to k(\pi, n)$에 대하여

$$f^*: H^n(k(\pi, n), \pi) = \mathrm{Hom}(\pi, \pi) \to H^n(M, \pi),$$
$$I_\pi \mapsto f^*(I_\pi)$$

을 대응시킨다. ■

(예 10.2.5)

(1) $H^2(M, \mathbb{Z}) \simeq [\, M,\ k(\pi, 2)\,]$

$\simeq [\, M,\ \mathbb{CP}^\infty\,]$

$\simeq [\, M,\ BU(1)\,]$

$$\simeq \{\, U(1)-\text{번들 } E \to M \}.$$

(2) M이 콤팩트 4-차원 다양체이면

$$\begin{aligned} H^4(M, \mathbb{Z}) &\simeq [\, M,\ k(\pi, 4)\,] \\ &\simeq [\, M,\ \mathbb{HP}^\infty \,] \\ &\simeq [\, M,\ S^4 \,] \\ &\simeq [\, M,\ BSU(2)\,] \\ &\simeq \{\, SU(2)-\text{번들 } E \to M \}. \end{aligned}$$

| 정리 10.2.6 |

(1) M이 콤팩트 방향 4-차원 다양체이면 $SO(3)$-번들 $E_1,\ E_2 \to M$이 동치일 필요충분조건은 $\omega_2(E_1) = \omega_2(E_2)$이고 $p_1(E_1) = p_1(E_2)$이다.

(2) M이 콤팩트 n-차원 미분다양체라 하자.
호몰로지클래스 $\alpha \in H_{n-2}(M, \mathbb{Z})$는 M의 $(n-2)$-차원 부분다양체로 나타난다.

증명 (2) $\alpha \in H_{n-2}(M, \mathbb{Z})$의 포앙카레듀알 $PD(\alpha) \in H^2(M, \mathbb{Z})$은 예 10.2.5 (1)에 의해서 $U(1)$-번들 $\mathbb{C} \to E \xrightarrow{\pi} M$이 존재하여 $c_1(E) = PD(\alpha)$가 된다.
번들 $E \to M$의 제로섹션(zero-section)을 횡단(transversal)하는 섹션 $s : M \to E$을 선택하자. 제로섹션의 원상 $s^{-1}(0)$가 구하는 $(n-2)$-차원 부분다양체 $N = s^{-1}(0) \subset M$이 된다. ■

부록 수학자들

□ 아벨(Niel Abel, 1802-1829 노르웨이)

19세 때 5차 방정식의 일반해가 존재하지 않음을 증명했다. 그를 기리기 위해 창설된 아벨상은 매년 6백만 노르웨이 크로나 상금을 준다.
아벨의 업적은 오차 이상의 방정식은 사칙연산과 거듭제곱근의 계산을 유한 번 해서는 풀 수 없다는 것을 깨끗이 증명하여 수학의 발전에 지대한 공헌을 하였다. 무한 급수의 수렴에 관한 정리도 유명하다. '아벨 군' 등 수학용어에도 이름을 남기고 있으며, 그 외에 아벨 방정식, 아벨 적분, 아벨 함수, 아벨 다양체, 원(遠) 아벨 기하학 등 아벨의 이름을 딴 수학 용어는 많다.

□ 아놀드(Vladimir Arnold, 1937-2010, 러시아)

수학자로 이론 고전역학 및 다른 동역학계 이론에 공헌하였다. 주요업적은 콜모고로프-아놀드-모저 정리, 파국 이론, 마슬로프 지표의 위상수학적 정의 등이다.
2010년 프랑스에서 사망하자 러시아의 대통령 메드베데프는 직접 전신을 보내 "현세기 위대한 수학자 중의 한 사람인 아놀드의 죽음은 결코 만회할 수 없는 세계 과학계의 커다란 상실이다"라고 적었다.
1981년에 소행성 10031 블라다르놀다(Valadarnolda)가 그의 이름을 따서 명명되었다. 2001년 수학 울프상을 수상하였다.

□ 아티야(Michael Francis Atiyah, 1929-, 영국)

대수기하학과 미분기하학 및 대수적 위상수학 등 다양한 분야에 큰 업적을 남겼다.
케임브리지 트리니티 칼리지에서 학사-박사 학위를 취득하였다. 그의 지도교수는 윌리엄 호지였으며, 학위 논문은 대수기하학을 다루었다.
1961년에 옥스퍼드 대학교 조교수가 되었으며, 옥스퍼드 재직 중 사이먼 도널드슨, 나이절 히친, 그레임 시걸, 피터 크론하이머 등을 지도하였다.

1966년에 37세의 나이로 필즈상을 수상하였다. 1990년에 케임브리지 대학교에서 아이작 뉴턴 연구소(Isaac Newton Institute)를 창설하였고, 초대 소장직을 역임하였다. 1997년 은퇴 후, 에든버러 대학교 명예교수 및 래스터대학교 명예 총장직 등 명예직만을 보유하고 있다. 2004년에 싱어와 함께 아티야-싱어 지표 정리에 대한 공로로 아벨상을 수상하였다.
아티야는 히르체브루흐와 더불어 대수적 위상수학의 한 분야인 위상 K이론을 창시하였다. 또한 물리학의 게이지 이론에 크게 기여하였다.

❑ 베티(Enrico Betti, 1823-1892, 이탈리아)

1871년에 베티 수에 대한 논문을 발표한 수학자로, 주요업적은 베티 수, 베티 정리(Betti's theorem) 등이다.
베티는 피사대학교에서 수학과 물리학을 전공했고, 1840년부터 피사대학교에서 가르치기 시작했다. 후에 피사대학 총장도 했고, 피사대학을 이탈리아 수학 연구 및 수학 교육의 중심지가 되도록 하는 데 기여하였다. 이탈리아 독립을 위해 두 번의 전투에서 싸웠고 1862년에 새로운 이탈리아 의회에 선출되기도 했다.
베티의 초기연구는 방정식과 대수학의 이론이었는데 리만은 베티의 연구과정에 결정적인 영향을 주었다. 그 둘은 친구가 되었고 리만은 베티의 토폴로지에 대한 연구에 영감을 주었다. 베티는 연구의 주요목표를 항상 고귀한 철학적 목적을 지닌 순수한 과학 연구였다.

❑ 보트(Raoul Bott, 1923-2005, 헝가리 태생 미국 수학자)

기하학의 여러 분야에서 지대한 공헌을 하였다. 특히 보렐-베유-보트 정리는 주요업적이다.
박사학위 이후 보트는 순수 수학, 특히 리 군의 호모토피 이론(homotopy theory)으로 관심을 돌렸다. 이 연구에서 모스 이론(Morse theory)을 사용하여

1956년에 유명한 보트 주기 정리(Bott Periodicity theorem)을 발표하였고, 이 과정에서 유명한 모스-보트 함수(Morse-Bott function)을 만들어냈는데, 이는 모스 함수(Morse function)을 일반화한 것이다.
수학적 재능을 인정받아 1959년에 하버드 대학교의 수학과에 정교수로 채용되었다. 그 후 필즈상 수상자인 마이클 아티야와 함께 공동연구를 하였다.
K이론의 주기성을 시작으로 차차 아티야-싱어 지표 정리에 관련된 수학적 공헌을 하게 되었는데, 그것은 우즈 홀 고정점 정리(Woods Hole fixed point theorem)으로 불리는 정리이다. 우즈 홀 정리는 이후 아티야-보트 고정점 정리(Atiyah-Bott fixed point theorem)로 불린다. 보트는 또, 리 군의 표현론에 관한 보렐-보트-베유 정리(Borel-Bott-Weil theorem)로도 유명하다.
보트는 40년간 하버드 대학교에서 수없이 많은 저명한 수학자들을 제자로 길러냈다. 보트의 제자들 중 가장 유명한 사람들을 꼽자면 로버트 맥퍼슨, 피터 란드베버, 대니얼 퀼런, 스티븐 스메일 등이 있다. 이들 가운데 퀼런과 스메일은 필즈상을 수상하였다.

❑ 브라우어(Luitzen Egbertus Jan Brouwer, 1881-1966, 네덜란드)

수학자이자 철학자이다. 암스테르담 대학교를 졸업했고, 위상수학, 집합론, 측도론, 복소해석학 분야를 연구했다. 수리철학의 하나인 직관주의(intuitionism)의 창시자이다. 브라우어의 주요업적은 브라우어 고정점 정리(Brouwer's Fixed Point Theorem), 털난 공 정리(hairy ball theorem), 직관주의, 브라우어 차수 등이다.
브라우어는 명예박사 학위를 1929년 오슬로대학과, 1954년에서 케임브리지 대학(University of Cambridge)으로부터 수상하였다. 그는 1932년 네덜란드사자단(Dutch Order of the Dutch Lion)에서 기사 작위를 수여받았다.

❑ 칸토어(Georg Cantor, 1845-1918, 독일)

칸토어의 역설 집합론은 칸토어에 의해 도입된 것으로 수학의 기초에서 중요한 개념이다. 칸토어는 집합간의 일대일대응 개념을 확립하고, 무한집합의 크기를 구별할 수 있음을 밝혔다. 집합론에 관한 다수 논문이 있다. 힐베르트는 칸토르의 업적에 대해 "수학적 지성의 최고봉이며, 인간 지성의 최고봉을 이뤘다"고 논평했다.

❑ 코시(Augustin Louis Cauchy, 1789-1857, 프랑스)

조제프루이 라그랑주, 피에르시몽 라플라스(P. S. Laplace) 등으로 대표되는 18세기의 수학을 19세기적 단계에 올려놓은 프랑스의 대수학자로 평가된다. 코시의 주요업적은 코시의 적분정리, 코시-슈바르츠 부등식, 코시의 정리(군론), 코시 수열, 코시-리만 방정식, 엡실론-델타 논법, 코시 주요값 코시-아다마르 정리, 코시-오일러 방정식 등이다.

코시의 수학상 업적은 극히 많은데, 가장 큰 공로는 해석학을 엄밀한 기초 위에 올려 놓은 것이다. 무한소라는 애매한 개념상에 있던 미적분을 극한, 연속, 급수의 합 등의 개념을 확립하여 이론화시킨 공이 크다. 복소함수론의 기초도 정리하여 확립했고, 미분방정식에 대해 해(解)의 존재를 증명했다. 코시는 해석학을 계산에서 논리의 단계로 올려놓았다고 말할 수 있다.

❑ 천(Shiing-Shen Chern, 1911-2004, 중국 태생 미국 수학자)

20세기 미분기하학의 대표수학자이다. 천싱선은 미분기하학의 거의 모든 분야들을 연구하였다. 미국의 저명한 수학자인 사이먼스와 함께 천-사이먼스 이론과 천-사이먼스 형식을 증명한 것으로 유명하다. 천-사이먼스 형식은 현재 수학과 이론물리학에서 가장 널리 연구되는 주제들 중 하나이다.

그의 주요업적은 천-사이먼스 이론, 천-사이먼스 형식, 천-베유 이론, 천 특성류, 천-가우스-보네 정리 등이다.

중국 저장성에서 태어났고, 1930년 톈진 난카이대학교와 1934년 칭화대학교 대학원을 졸업하였으며, 1936년 독일 함부르크 대학교에서 박사학위를 취득한 후, 1937년 칭화대학교 교수가 되었다.
그후, 미국으로 건너가서 프린스턴대학교 등에서 강의를 하였다. 수학 발전에 이바지한 공로로 1975년 미국과학상을 수상했다. 국제천문학회 소행성 명명위원회는 그의 업적을 기려서, 소행성 1998C S2를 29552 천으로 명명하였다.

❑ 초우(Wei-Liang Chow, 1911-1995, 중국)

대수기하학자다. 미국으로 유학하여 시카고대학교를 1931년 졸업하였고, 1932년부터 독일로 유학하여 괴팅겐 대학교와 라이프치히 대학교에서 공부하였고, 1936년에 박사 학위를 수여받았다. 난징, 상하이 등에서 가르치다가 프린스턴고등연구소로 이전하였고, 1948년에는 존스 홉킨스 대학교 교수가 되었다.

❑ 크리스토펠(Elwin Bruno Christoffel, 1829-1900, 독일)

독일의 수학자이자 물리학자이며, 미분기하학의 기초를 마련하였다. 그의 대표적 업적은 크리스토펠 기호이다. 크리스토펠은 스트라스부르대학교 교수로 평생 독신이었다.

❑ 클리퍼드(William Kingdon Clifford, 1845-1879, 영국)

영국의 수학자로 수리물리학에서 중요한 클리퍼드 대수를 고안하였다.
케임브리지대학교 트리니티 칼리지에 입학하여 1867년에 전교 2등을 하였다. 1870년에 이탈리아의 12월 22일 개기 일식을 관찰하기 위한 탐험대에 참가하였다. 1871년에 유니버시티 칼리지 런던의 수학·역학 교수가 되었고, 1874년에 왕립 학회 회원이 되었다.

❑ 다부(Jean Gaston Darboux, 1842-1917, 프랑스)

프랑스의 수학자로 기하학과 해석학에 여러 중요한 공헌을 했으며, 앙리 푸앵카레의 전기를 쓰기도 했다. 주요업적은 다부 적분, 다부의 정리 등이다.
파리대학교의 교수였고, 프랑스 과학 아카데미의 회원이었으며, 1900년에는 아카데미의 영구 간사로 활동했다.

❑ 드람(Georges de Rham, 1903-1990, 스위스)

드람의 업적은 미분위상수학에 기여하였고, 코호몰로지를 미분형식으로 나타낸 드람 코호몰로지를 정의하였다. 또한 1931년 드람 정리를 증명하였고, 드람 코호몰로지로 위상수학적 불변량임을 증명하였다.
1931년에 파리 대학교에서 박사 학위를 수여받았으며, 1932년에 로잔 대학교 교수가 되었다. 1936년부터는 제네바 대학교에서도 교수직을 겸했다.

❑ 데카르트(René Descartes, 1596-1650, 프랑스)

철학의 출발점인 "나는 생각한다, 고로 존재한다"라는 명제를 선언함. 수학자 데카르트는 처음으로 방정식의 미지수에 x를 쓴 것으로 유명하다.
데카르트는 17세기 근대 수학의 기수였다. 어려서부터 허약했던 그는 교장선생님으로부터 늦잠을 허락 받았다. 후에 데카르트는 늦잠에서 깨어 자신의 학교 생활을 뒤돌아보면서 침대에서 보낸 조용한 아침의 명상이 자신의 철학과 수학의 참다운 원천이었다고 얘기한다. 그가 x좌표를 발견한 일화가 있다. 침대에 누워 천정에 붙어 있는 파리를 보고 파리의 위치를 나타내는 방법을 찾으려고 애쓰다가 '좌표'라는 발상을 하게 되었다는 것이다. 중학교 1학년 함수 단원을 공부하면서 파리가 움직이면 x의 값이 변화하면서 y의 값이 따라서 변화한다. 이 이야기는 수의 성질을 연구하는 대수학과 도형의 성질을 연구하는 기하학을 하나로 묶어 연구한 데카르트의 수학하는 방법(이를 '해석기하학'이라 한다.)의 발견을 귀뜸해 주는 일화이다.

❑ 디락(Paul Dirac, 1902-1984, 영국)

디락은 1933년 노벨물리학상을 수상한 영국의 이론물리학자이다. 양자역학을 탄생시킨 사람 중의 하나로 꼽힌다. 주요업적은 디락 방정식, 디락 델타 함수, 페르미-디락 통계, 브라-켓 표기법, 디락 괄호 등이다.
1933년 에르빈 슈뢰딩거와 함께 "원자 이론의 새로운 형식의 발견"으로 노벨물리학상을 수상했다. 폴 디락은 노벨상 수상자로 선정됐을 때 주위의 관심을 꺼렸으며 청중 앞에 나서기 싫어서 거절하려고 했으나, 오히려 노벨상을 거절하면 더 많은 관심을 끈다는 주위의 충고를 듣고 상을 받기로 했다고 한다. 1932년부터 1936년까지 케임브리지대학교에서 루커스 수학 석좌 교수를 지냈다. 그의 이름을 따서 주는 상인 디락 메달은 국제 이론 물리 센터(ICTP) 이론물리학자들에게 주는 상이다.

❑ 돌보(Pierre Dolbeault, 1924-2015, 프랑스)

돌보 코호몰로지(Dolbeault cohomology)는 그의 이름을 따서 명명되며 돌보 정리도 마찬가지이다.

❑ 도널드슨(Simon Kirwan Donaldson, 1957-, 영국)

영국 케임브리지에서 태어난 수학자로, 미분기하학에서 순간자를 사용하여 4차원 유클리드 공간 위의 이국적 매끄러움 구조를 찾아낸 업적으로 유명하다. 주요업적으로 도널드슨 불변량이 있다. 1986년 필즈상을 수상하였고, 2012년에는 작위도 수여받았다. 현재 영국 임페리얼 칼리지 런던의 수학과 순수수학 분야의 석좌교수이자 임페리얼 수학 연구소의 소장으로 있다.
도널드슨은 1979년, 케임브리지 대학교의 펨브로크 칼리지(Pembroke College, Cambridge)에서 학사를 마쳤고, 1980년에 옥스퍼드 대학의 우스터 칼리지(Worcester College)에서 박사과정 공부를 시작했다. 최초에는 히친이 지도교수였으나 후에 마이클 아티야의 지도 아래에서 공부하였다.

1982년, 겨우 2년차 대학원생인 상태에서, 도널드슨은 수학계를 충격으로 몰아넣은 놀라운 결과를 증명하였는데, 이 결과는 1983년에 <자기 쌍대 접속과 4차원 매끄러운 다양체의 위상수학>(Self-dual connections and the topoloty of smooth 4-manifolds)라는 제목으로 출판하였다.
1983년, 그의 놀라운 결과를 박사 논문으로 옥스퍼드 대학교를 졸업한 도널드슨은 옥스퍼드 올 솔스 칼리지(AllSouls College)에서 연구원 생활을 시작하였고, 1983-84학년도에는 미국 프린스턴의 프린스턴고등연구소에서 연구하였다. 그후, 옥스퍼드 대학으로 돌아와서 1985년 정교수직을 맡게 되었다. 1999년, 도널드슨은 런던의 임페리얼 칼리지 런던으로 자리를 옮겼다.

❑ 아일렌버그(Samuel Eilenberg, 1913-1998, 폴란드 태생 미국 수학자)

대수적 위상수학과 호몰로지 대수학에 공헌을 하였고, 손더스 매클레인과 같이 범주론을 창안하였다. 니콜라 부르바키의 회원이었다.
주요업적은 리 대수 코호몰로지, 막대 복합체, 범주, 범주론, 에일렌베르크-매클레인 공간, 에일렌베르크-스틴로드 공리, 에일렌베르크-질버 사상, 자연변환, 함자 등이다.
아일렌버그의 주요 업적은 대수적 위상수학과 이로부터 파생된 분야인 호몰로지 대수학과 범주론에 속한다. 말년에는 주로 범주론과 오토마타 이론을 연구하였다.
수학 밖에도 아일렌버그는 아시아의 예술 작품 수집가였다. 인도, 인도네시아, 파키스탄, 네팔, 타이, 캄보디아, 스리랑카, 중앙아시아 등의 조각들을 수집하였는데, 상당수 메트로폴리탄 미술관에 기증하였다. 뉴욕 메트로폴리탄 미술관은 1991-1992년 아일렌버그 컬렉션 특집을 열었다.

❑ 유클리드(Euclid of Alexandria, 기원전 300년경, 고대 그리스)

고대 그리스의 수학자이자 소설가이다. (수학자인지 확실하게 밝혀진 사실은 없다.)
유클리드는 고대 그리스-로마시대의 가장 눈에 띄는 수학자요 기하학자이다. 유클리드는 당시 알려진 정수론 및 기하학을 체계적으로 정리한 《유클리드 원론》을 집대성한 업적을 가장 높게 평가받고 있다.
유클리드는 "기하학에는 왕도가 없다"라고 말했다 한다.

❑ 오일러(Leonhard Euler, 1707-1783, 스위스)

제타함수를 처음 만들어 썼다. 18세기에 가장 유명한 수학자로 삼각법을 하나의 독립된 수학분야로 발전시켰다.
삼각함수의 기호 사인(sin), 코사인(cos), 탄젠트(tan)와 허수의 기호 I, 자연대수의 밑수 e를 처음으로 쓰기 시작한 사람이다. 수학의 천재인 오일러는 삼각법, 삼각함수, 복소수 등 관계하지 않은 것이 하나도 없었다. 20대에 오른쪽 눈의 시력을 잃었을 때 "한 눈으로 보니 모든 현상이 더욱 또렷이 보인다"라고 했다. 60대에 왼쪽 눈마저 실명했으나 기억력에 바탕을 두어 연구를 계속했다. 오일러의 실명은 베토벤이 청각을 잃은 것과 비교된다. 오일러의 이름은 수학에서 오일러 각도, 오일러 방정식, 오일러-라그랑주 방정식, 코시-오일러 방정식 등에 남아있다.

❑ 플로어(Andreas Floer, 1956-1991, 독일)

플로어는 기하학, 위상수학, 수학적물리 분야, 특히 플로어 호모로지 발견에 지대한 공헌을 한 독일 수학자이다. 전임 수학교수가 된 지 일년 후인 1991년 자살로 생을 마감하였다. 플로어의 인생은 짧게 비극적으로 중단되었지만 그의 수학적 비전과 놀라운 공헌은 강력했다. 사이먼 도널드슨은 "플로어 호몰로지는 지난 20년 동안 미분기하학에서 가장 놀라운 발견 중 하나입니다"라고 하였다.

❑ 프리드먼(Michael Hartley Freedman, 1951-, 미국)

마이크로소프트 연구소에서 연구활동을 하고 있는 수학자이다. 1986년 20세기 수학계에서 가장 유명한 문제 중 하나인 푸앵카레 추측의 증명으로 1986년 필즈상을 수상했다.
로스앤젤레스에서 태어나서 1973년 프린스턴 대학교에서 박사학위를 받았고, 졸업 후 1975년까지 UC 버클리 수학과의 강사로 재직했다. 1975년 프린스턴 고등연구소의 일원이 되었으며, 1976년엔 캘리포니아 대학교 샌디에이고 수학과 부교수가 된다. 1980년과 1981년을 프린스턴 고등연구소에서 보내고, UC 샌디에이고로 돌아가 1982년에는 정교수로 승진한다. 1985년에는 UC샌디에이고 수학과 학장을 지낸다. 수많은 수상경력이 있다.

❑ 푸비니(Guido Fubini, 1879-1943, 이탈리아)

푸비니의 정리, 푸비니의 미분 정리, 푸비니-스투디 계량으로 잘 알려진 수학자이다.
베네치아에서 유대인 가정에 태어났고 아버지는 수학 교사였다. 어려서부터 수학에 탁월한 재능을 나타냈고, 1896년에 피사에 있는 스쿠올라 노르말레 수페리오레 디 피사(Scuola Normale Superiore di Pisa)에 입학하였다.
1900년에 졸업하였는데, 지도 교수 루이지 비안키가 아직 지도학생인 푸비니의 미분기하학에 관한 박사 학위 연구논문을 뛰어난 연구로, 저서에 언급해 유명해졌다. 토리노대학교에서 수십년 가르쳤다.
푸비니가 은퇴할 즈음인 1939년에 베니토 무솔리니의 파시즘 정권이 들어섰고, 반유대주의 정책을 펴기 시작하자, 푸비니는 미국으로 망명하여 프린스턴 대학교에서 교편을 잡았다. 4년 뒤 뉴욕에서 사망하였다.

❑ 가우스(Carl Friedrich Gauss, 1777-1855, 독일)

19세기의 가장 위대한 수학자이며 아르키메데스, 뉴턴과 더불어 3대 수학자로 불린다. 순수수학은 물론 응용수학에도 눈부신 업적을 남겨 타계 후 하노버왕 조지 5세가 메달에 '수학의 왕'이라 새겨 경의를 표했다.
브란시마이크 지역 가난한 노동자집안 태생이었으나 10세 때 등차급수의 합을 구하는 공식을 써서 선생님을 놀라게 했다. 브린시마이크 공의 도움으로 괴팅겐대학에서 공부하게 되었고 이 대학 교수로 평생을 보냈다. 19세 학생시절 유클리드 이래 2000년간 삼각자와 컴퍼스만으로는 그릴 수 없다고 했던 정17각형을 그릴 수 있음을 증명했다. 최소제곱수를 발견하여 복소수평면을 발표했고 정14각형 그리는 방법을 정수론에서 얻었다. "수학은 모든 과학의 여왕이며, 정수론은 수학의 여왕이다"라고 하여 수학과 그 중에서도 정수론을 높이 평가했다. 곡면론, 허수론, 방정식론 등에서도 새로운 개척을 하였고, 복소수라는 말도 그에게서 비롯됐다.

❑ 그라스만(Hermann Günther Grassmann, 1809-1877, 독일)

선형대수학, 벡터 공간, 외대수, 반가환수, 그라스만 다양체, 그라스만 법칙 등에 커다란 업적을 남긴 수학자이다.
1840년에 출판한 논문 《조수 간만 이론》은 선형대수학의 시초로 여겨지며, 벡터 공간의 개념이 최초로 등장한다. 1844년에는 자신의 이론을 집대성한 논문 《선형 확장이론: 수학의 새 분야》를 출판하였다. 1847년에 프로이센 교육부에 대학 교수 지원서를 보냈으나, 이를 심사했던 에른스트 쿠머는 그라스만의 선형대수학 이론을 이해하지 못하고 낙제시켰다. 1852년에 아버지가 교사로 일했던 슈체친 김나지움에 임용되었다.
자신의 이론이 무시된 것을 보고, 1862년에 그라스만은 자신의 논문을 더 쉽고 엄밀한 언어로 다시 써 《체계적이고 엄밀하게 해설한 확장 이론》이라는 제목으로 출판하였다. 그러나 이 역시 당시 학계에서 완전히 무시당했다. 학계의 냉담한 반응에 낙심한 그라스만은 수학에 흥미를 잃고, 대신 언어학을 연구하기 시작하였다. 1877년 68세의 나이로 슈체친에서 사망하였다.

❑ 그로모프(Mikhail Leonidovich Gromov, 1943-, 프랑스/러시아)

심플렉틱 용량을 증명한 게 주요업적이며, 2009년 아벨상을 수상하였다.
러시아에서 태어나 프랑스에서 거주하는 러시아, 프랑스 이중 국적의 수학자이다. 수학의 여러 분야에 대해 근본적이고 폭넓은 업적을 남겼다. 특히 기하학에 공로가 크다.
그로모프는 기하적 군론, 쌍곡군의 개념 창시, 심플렉틱 위상수학에서 유사정칙곡선(pseudoholomorphic curves)의 개념 도입, 리만 기하학업적 등 해석학과 대수학의 분야를 심도 있게 탐구하였으며, 이러한 분야의 문제를 기하학적인 용어로 공식화하곤 했다.
그로모프의 미분 관계(differential relations)에 대한 호모토피 원리(h-principle)는 편미분방정식의 기하적 이론에 바탕을 두고 있다. 또 그로모프는 수학 외의 분야로 수리생물학에도 관심이 있다.
현재 그로모프는 IHÉS의 종신 회원이며, 뉴욕 대학교의 수학 교수이다.

❑ 하우스도르프(Felix Hausdorff, 1868-1942, 독일)

토폴로지에 크게 기여하였다. 주요업적은 하우스도르프 측정, 하우스도르프 치수, 하우스도르프 공간, 하우스도르프 최대 원리, 하우스도르프 거리, 하우스도르프 역설, 하우스도르프 순간 문제, 하우스도르프-영 불평등 등이다.

❑ 히르체브루흐(Friedrich Ernst Peter Hirzebruch, 1927-2012, 독일)

독일의 수학자로 위상수학과 복소다양체 이론, 대수기하학에 큰 업적을 남겼다. 마이클 아티야와 같이 위상 K 이론을 창시하였다.
주요업적은 히르체브루흐-리만-로흐 정리, 히르체브루흐 곡면, 위상 K 이론 등이다.
히르체브르흐는 1950년 독일 뮌스터대학교에서 박사학위 후, 1956년 본 대학교의 수학 정교수가 된 후 1993년 은퇴까지 본 대학에서 머물렀다.

❑ 호지(William Vallance Douglas Hodge, 1903-1975, 스코틀랜드)

대수기하학과 미분기하학에 대한 호지 이론을 세운 기하학자이다. 마이클 아티야의 지도교수였고, 주요 업적은 호지 추측, 호지 쌍대, 호지 이론, 호지 구조 등이다.

호지 추측(Hodge conjecture)은 아직 완벽한 증명이 이뤄지지 않은, 대수기하학에서 복소수체 위의 비특이 사영 대수다양체의 코호몰로지에 대한 주요 미해결 문제이다.

1926년 브리스틀 대학교에서 가르치기 시작하였으며, 1930년에는 케임브리지 대학교 세인트존스 칼리지에서 연구원(Research Fellow) 자리를 얻었다. 1931-1932년에는 프린스턴 대학교에서 가르쳤으며, 다시 케임브리지 대학교로 돌아와 교수직을 얻었다. 1959-1965년 동안 왕립 학회의 부회장(vice president)이었으며, 1959년에 작위를 얻었다.

❑ 호프(Heinz Hopf, 1894-1971, 독일태생 스위스국적)

주요 업적으로는 호프 대수, 호프 다발, 푸앵카레-호프 정리, 호프 불변량, 호프 연환 등이다.

1929년에 프린스턴 대학교에서 교수로 초빙하였으나 거절하였고, 1931년 취리히 연방공과대학교에서 교편을 잡았다. 1940년에 프린스턴대학교에서 다시 교수로 초빙하였으나 다시 거절하였다.

호프는 스위스 국적을 취득하고, 스위스에서 머물렀다. 전후 1946-47년 및 1955-56년에는 프린스턴 대학교에 머물렀고, 뉴욕 대학교 및 스탠퍼드 대학교에서 강의하였다. 1955-1958년 동안 국제수학연맹 회장을 맡았다. 1971년 스위스에서 사망하였다.

취리히 연방공과대학교에서는 호프를 기려 2001년부터 2년마다 순수 수학에 대한 하인츠 호프 기념 강연을 개최하며, 2009년부터 호프 기념 강연과 동시에 하인츠 호프 상을 수여하고 있다. 상금은 3만 스위스 프랑이며, 2009년부터 호프 기념 강연은 호프 상 수상자가 맡는다.

❑ 후레비츠(Witold Hurewicz, 1904-1956, 폴란드)

폴란드의 수학자로 주요업적은 호모토피 군, 후레비치 올뭉치, 후레비치 준동형 등이다. 당시 러시아 제국에 속했던 폴란드 우치의 유대인 가정에서 태어났다.
1914년에 제1차 세계 대전이 발발하자 후레비치 가족은 모스크바로 피난하였고, 종전 뒤 1919년에 다시 우치로 귀국하였다. 빈 대학교에서 1926년에 박사학위를 수여받았다. 1927년~1936년을 암스테르담 대학교에서 보낸 뒤, 1936년에 미국으로 이민하였고, 1939년에 미국 시민권을 취득하였다.
프린스턴 고등연구소에서 일한 뒤, 1939년에 노스캐롤라이나 대학교 채플힐 교수가 되었다. 1945년에 매사추세츠 공과대학교 교수가 되었다.
1956년에 멕시코시티에서 열린 국제대수적위상수학학회에 참석하던 중 유카탄의 고대 마야 문명을 탐사하다 추락사하는 비운을 당했다.

❑ 야코비(Carl Gustav Jacob Jacobi, 1804-1851, 독일)

야코비의 주요업적은 야코비 기호, 야코비 다양체, 야코비 세타 함수, 야코비 타원함수, 야코비 행렬, 야코비 형식, 야코비 항등식, 해밀턴-야코비 방정식 등이다.
1825년 박사학위를 수여받았다. 1927년 쾨니히스베르크 대학교 수학교수가 되었고, 1829년에는 정교수로 승진하였으며, 1842년까지 연구 활동하였다. 1843년에 과로로 쓰러졌다.
야코비는 삼각함수에 기초를 둔 타원함수를 만들었다. 아벨의 초월함수를 연구하고 타원함수론을 확립했으며, 행렬식을 연구해 해석학에 중요한 함수행렬식을 만들었다. 또한 편미분 방정식을 연구해 해밀턴-야코비 방정식을 도입하여 역학을 연구하는 데 매우 중요한 역할을 했다.

❑ 고다이라(Kunihiko Kodaira, 1915-1997, 일본)

일본의 수학자로 조화적분론과 그것의 대수기하학에 대한 응용에 대한 업적으로 1954년에 필즈상을 수상하였다. 주요업적은 고다이라 소멸 정리, 고다이라 매장 정리, 고다이라 차원, 엔리퀘스-고다이라 분류 등이다.
1935년 도쿄제국대학 수학과 입학 후 1938년에 졸업하고 나서 다시 같은 학교 물리학과에 입학했다. 도쿄 대학에서 박사학위를 받았는데, 헤르만 바일이 그의 일본 시절 논문에 주목함으로써 미국에 초청 받게 된다.
1949년부터 1962년까지 고다이라는 프린스턴 고등연구소와 프린스턴 대학교에서 일하였다. 그 뒤 존스 홉킨스 대학교, 스탠퍼드대학교를 거쳐 1967년 도쿄대학으로 돌아가서 교수를 역임하였다.
그 밖의 업적으로 고다이라는 스펜서와 함께 고다이라-스펜서 함수(Kodaira-Spencer map)를 정의하였는데, 이 함수는 주어진 복소다양체의 모든 가능한 변형(deformation)들을 분류한다. 이는 변형 이론의 시초를 이룬다.

❑ 켈러(Erich Kähler, 1906-2000, 독일)

주요업적은 켈러 다양체, 켈러 미분 등이다. 켈러 다양체의 개념을 도입하였고, K3 곡면도 켈러의 이름을 땄다.
나치당과 아돌프 히틀러를 지지하였으며, 1937년에 독일 해군에 자원하였다. 제2차 세계대전 중 독일군으로 프랑스에서 포로가 되었으나, 프랑스 학자들의 도움으로 전쟁 포로임에도 불구하고 수학을 연구하며 조용히 지낼 수 있었다. 1947년에 석방되었으나, 이후에도 나치 독일에 대하여 긍정적인 태도를 보였으며, 적어도 1988년까지 사무실에 나치 독일 해군의 기를 소장하고 있었다고 한다.
1948년에 라이프치히 대학교 교수가 되었으나, 동독에서의 삶을 좋아하지 않아 1958년에 서독의 베를린 공과대학교로 이전하였고, 이후 1964년에 함부르크 대학교 교수가 되어 은퇴까지 지냈다.

❑ 라플라스(Pierre-Simon Laplace, 1749-1827, 프랑스)

'프랑스의 뉴턴'으로 불리며 내무장관까지 지낸 후작 지위를 갖은 수학자 겸 물리학자이다. 확률의 해석에 공헌을 했다.
라플라스는 프랑스육군사관학교에서 보나파르트 나폴레옹에게 수학을 가르친 스승이었다. 그의 역저 《천체역학(총5권)》은 당시 물리학을 집대성하고 확장한 것으로 평가받는다. 더불어 《확률론의 해석이론》 등의 명저를 남겼으며, 수리 물리학 발전에 엄청난 공헌을 했다. 라플라스 변환, 라플라스 방정식 등에 그의 이름이 남아 있다.

❑ 렙세츠(Solomon Lefschetz, 1884-1972, 미국)

대수적 위상수학에 중대한 업적을 남긴 러시아 태생의 미국 수학자이다. 대수기하학과 비선형 미분방정식의 이론의 발전에 많은 영향을 주었다.
주요업적은 렙셰츠 고정점정리, 피카르-렙셰츠 이론, 렙셰츠 연결, 렙셰츠 초평면 정리, 렙셰츠 쌍대성, 렙셰츠 고정점정리, 렙셰츠 제타함수 등이다.
렙셰츠는 20대 초반에 산업현장에서의 사고로 양손을 모두 잃는 중상을 당했으나, 수학 분야로 옮겨서 대수 기하학분야에서 박사학위를 받았고 프린스턴 대학교 정교수까지 되었다.

❑ 라이프니츠(Gottfried Leibniz, 1646-1716, 독일)

17세기의 세계적 천재로 극한에 의한 구분구적법을 정적분법으로 연결시켰다. 적분기호 $\int$를 도입하였다.
아리스토텔레스에 견줄 만큼 폭넓은 연구를 한 학자이다. 미적분법은 라이프니츠의 것이 더 편리하다. 어릴 때부터 조숙한 천재로서, 혼자 힘으로 방대한 서적을 익히고, '말에는 명석함을 사상(事象)에는 유효성을' 찾는 것을 알았다고 한다. 14살에 라이프치히대학교 법과에 입학, 20살인 1666년에 졸업했다. 마인츠의 법전 수정 작업을 한 다음, 1672년 외교 사절로 파리에 가서, 1676

년까지 체재했다. 이 사이 특히 수학을 연구, 미적분학의 기본 정리를 발견하고, 위치해석의 새 방법에 대한 착상을 얻었다.

❑ 리크네로비츠(André Lichnerowicz, 1915-1998, 프랑스)

폴란드 출신 프랑스 수학자로 미분기하학자, 수학적 물리학자로 알려져 있다. 주요업적으로 리크네로비츠 추측, 리크네로비츠 공식, 리크네로비츠-라플라시안 등이 있다. 리크네로비츠는 아인슈타인의 일반상대성이론의 수학적 해석에 매진하였고, 상대성 이론, 미분 기하학, 무한 차원의 리 대수에 관한 논문도 냈다.

❑ 리(Marius Sophus Lie, 1842-1899, 노르웨이)

수학자로서 그의 이름을 딴 리 대수로 유명하다. 그의 주요업적은 리 군, 리 대수, 리 괄호 등이 있다.
목사의 아들로 태어났으며, 현재의 오슬로 대학인 크리스티아니아 대학에서 학업을 마쳤다. 1872년 그 대학 교수가 되었으며, 1886년에는 펠릭스 클라인의 후임으로 라이프치히 대학교수로 취임한다. 그러나 우울증과 향수에 시달렸으며, 1898년 고향으로 귀향, 56세의 나이에 비타민 B12 흡수기능이 저하되어 생기는 악성 괴혈병으로 사망했다.

❑ 매클레인(Saunders MacLane, 1909-2005, 미국)

사무엘 아일랜버그와 함께 범주론을 창안하였다. 주요업적은 범주론, 범주함자, 자연 변환, 아일렌버그-매클레인 공간, 막대 복합체, 모노이드 범주, 대칭 모노이드 범주 등이다.
미국 코네티컷주 태프트빌에서 태어났고 매클레인 가문은 스코틀랜드 출신이었다.

예일대학교 학사, 시카고대학교 석사, 괴팅겐대학교에서 에미 뇌터, 헤르만 바일, 파울 베르나이스 등 아래서 박사 학위를 밟았다.
1938년~1947년에는 하버드 대학교에 교수로 있었고, 1947년부터 주욱 시카고 대학교에서 교수로 있었다.

❑ 모스(Harold Calvin Marston Morse, 1892-1977, 미국)

미분위상수학의 한 분야인 모스 이론을 창시하였다.
하버드 대학교, 브라운 대학교, 코넬 대학교에서 강의하다가 프린스턴 고등연구소에서 교수직을 얻어, 여기서 은퇴할 때까지 있었고, 1977년 6월 22일 프린스턴에서 사망하였다.
모스는 일생의 대부분을 자신이 창시한 모스 이론에 바쳤다. 오늘날 모스 이론과 이로부터 파생된 플뢰어 호몰로지는 미분위상수학뿐만 아니라 이론물리학, 특히 끈 이론에 중요한 역할을 한다.

❑ 니젠후스(Albert Nijenhuis, 1926-2015, 네덜란드)

그의 초기 연구는 미분 기하학 영역에 있었다. 1951년 암스테르담 대학에서 박사 학위를 받으면서 니젠후스 텐서를 개발했다.
그는 1952년 플브라이트 장학금을 받고, 프린스턴대학 연구원(1952-1953)으로 미국에 왔다. 그 후 1953-1955년 사이에 프린스턴 고등 연구소에서 공부하였고, 그 후 1년 동안 시카고대학, 그 후 시애틀소재 워싱턴 대학교(University of Washington)에서 조교수로 근무한 후, 1963년 펜실베니아대학교에서 수학과 교수로 취직하여 1987년 은퇴할 때까지 수학교수로 재직했다.
은퇴한 후에, 미분기하학에 대한 그의 관심이 재연되었다. 그의 마지막 컨퍼런스 프레젠테이션과 논문은 그가 거의 70살 때 발표되었다.

❑ 노비코프(Sergei Novikov, 1938-, 러시아)

노비코프는 소비에트 연방 고리키에서 태어났다. 아버지 표트르 세르게예비치 노비코프와 어머니 류드밀라 브세볼로도브나 켈디시 둘 다 유명한 수학자였다. 현재 모스크바의 스테클로프 수학연구소 기하학·위상수학 과장으로 있다. 1970년에 필즈메달을, 2005년에 수학 울프상을 수상하였다.

❑ 포앙카레(Jules-Henri Poincaré, 1854-1912, 프랑스)

프랑스 태생의 가장 위대한 과학자 중의 한명이다. 수학, 수리물리학, 천체 역학 등의 분야에서 중요한 기본원리를 확립한 업적을 남겼다. 위상기하학에서 호몰로지 개념을 발견하고, 수학에서 가장 유명한 문제 중의 하나인 푸앵카레 추측을 제기한 것으로 특히 유명하다. 삼체문제에 대한 연구로 결정론적 복잡계를 발견하여 현대적인 카오스 이론의 기초를 마련하는 등 수많은 영역에서 주요한 기여를 하였다.

❑ 폰트랴긴(Lev Pontryagin, 1908-1988, 러시아)

주요업적은 폰트랴긴 쌍대성, 폰트랴긴 특성류 등이다.
러시아제국 모스크바에서 공무원의 아들로 태어났으나, 재정 형편 때문에 폰트랴긴은 변변치 못한 학교를 다닐 수밖에 없었다. 폰트랴긴은 14세 때 가스레인지 폭발사고로 실명하였다. 어머니가 아들의 교육을 위하여 수학책 및 논문을 읽어주었다. 어머니는 수학을 전혀 몰랐으므로, 기호들을 있는 그대로 읽었다 한다.
어머니의 헌신적인 노력으로 폰트랴긴은 1925년에 17세의 나이로 모스크바대학교에 입학하였고, 시각장애인임에도 불구하고 수학에 매우 뛰어난 재능을 보여서 대학에서 주목받았다. 폰트랴긴은 이미 1927년 19세의 나이부터 중요한 연구 결과를 출판하기 시작하였다.
1935년에는 힐베르트 5번 문제인 아벨 군에 대하여 해결하였고, 또한 1940년에는 오늘날 폰트랴긴 특성류라고 알려진 특성류를 정의하였다.
1952년부터는 응용수학, 특히 제어이론을 연구발표하였다.
많은 이들은 폰트랴긴이 반유대주의자라고 주장하였다.

❑ 리치(Gregorio Ricci-Curbastro, 1853-1925, 이탈리아)

리치는 텐서 미적분학의 개척자로서 대단히 유명하지만, 아주 많은 분야에서 탁월한 업적을 남겼다. 리치 곡률, 리치 흐름 모두 그의 업적이다.
리치-쿠르바스트로의 가장 유명한 논문인 <절대 미분법 및 응용>은 제자 툴리오 레비치비타와의 공저로 발표되었다. 이 논문에서만 이름을 "리치쿠르바스트로" 대신 "리치"로 적었는데, 이 때문에 리치 곡률 텐서와 같은 개념에 "리치"리는 이름이 붙었다.

❑ 리만(Bernhard Riemann, 1826-1866, 독일)

리만 기하학의 창시자. 가우스의 제자로서 《기하학의 기초에 대해서 On the foundations of geometry》라는 리만 가설을 논함.
해석학, 미분기하학에 혁신적인 업적을 남겼으며, 리만 기하학은 일반상대성 이론의 기술에 사용되고 있다. 그의 이름은 리만 적분, 코시-리만 방정식, 리만 제타 함수, 리만 다양체 등의 수학용어에 남아 있다.

❑ 사드(Arthur Sard, 1909-1980, 미국)

사드는 미분위상수학과 스플라인 보간법으로 유명한 미분 기하학을 연구한 미국의 수학자로 대표적 업적은 사드의 정리이다.
사드는 1937년에 개교한 뉴욕시립대학교의 퀸스칼리지 최초의 교수 가운데 하나가 되었다. 제2차 세계 대전 동안에는 컬럼비아 대학교에서 다른 수학자들과 함께 폭격기에 장치된 기관총의 조준에 대하여 연구하였다.

1970년에 뉴욕시립대학교에서 은퇴 후, 5년 동안 캘리포니아대학교 샌디에이고에서 연구원으로 있었다. 1975년에는 스위스 바젤로 이사하여 여러 유럽 대학교에서 강의하였고, 1980년 8월 31일에 바젤에서 사망하였다.

❑ 세르(Jean-Pierre Serre, 1926-, 프랑스)

프랑스 수학자로 대수적 토폴로지, 대수기하학 및 대수적 수 이론에 기여했다. 그는 1954년 필즈메달과 2003년 아벨상을 수상했다.
세르는 1951년 소르본(Sorbonne)에서 박사학위를 받았다. 1956년 콜레주 드 프랑스에서 교수로 선임됐다. 그의 아내 조지안 세르도 화학교수였다.
세르는 그의 연구 초기에 Weil 추측을 다루기 위해 더 일반적이고 세련된 코호몰로지이론을 구축할 필요성을 느꼈다. 문제는 유한 필드에 걸친 일관된 층의 코호몰로지가 정수 계수를 갖는 단일 코호로지만큼 토폴로지를 포착할 수 없다는 것이었다. 세르(Serre)의 초기이론 중 1954~55년은 위트(Witt) 벡터 계수를 기반으로 한 이론이었다.

❑ 싱어(Isadore Manuel Singer, 1924-, 미국)

싱어는 미국의 수학자다. 아티야와 같이 아티야-싱어 지표 정리를 증명하였으며, 이 공로로 아벨 상을 아티야와 공동으로 수상하였다. 현재 매사추세츠 공과대학교의 수학 교수로 재직중이다.
디트로이트에서 태어났으며, 1944년 미시간 대학교에서 학사를, 1948년에 시카고대학교에서 석사를, 그리고 1950년에 시카고대학교에서 박사학위를 획득하였다. 그 뒤 캘리포니아 대학교 로스앤젤레스와 매사추세츠 공과대학교에서 교수로 일했다.

❑ 스톡스(Sir George Gabriel Stokes, 1819-1903, 영국)

수학자이자 물리학자이다. 스톡스는 개신교 목사 아버지와 교회장관의 딸인 어머니 사이에서 태어나 그의 양육은 매우 종교적이었다. 어려서부터 수학적 재능을 보였다.

수학에서 유체역학의 나비에-스톡스 방정식을 발견하였고, 스톡스의 정리를 발표하였다. 주요업적은 스톡스의 정리, 나비에-스톡스 방정식, 스톡스 수, 스톡스 변수, 스톡스 현상 등이다.

1849년부터 케임브리지 대학교에서 루커스 수학 석좌 교수직을 맡았으며, 1885년부터 1890년까지 왕립학회 회장을 지냈다.

❑ 톰(René Thom, 1923-2002, 프랑스)

보충경계이론을 발견한 공로로 1958년에 필즈상을 수상하였다.

급변이론(catastrophy theory)이라는 독창적인 방법의 기초를 닦은 수학자로 잘 알려져 있다. 주요업적은 급변 이론, 톰 공간, 톰 특성류, 톰 동형 등이다.

❑ 토드(John (Jack) Todd, 1911-2007, 영국)

토드는 영국과 미국에서 경력을 쌓은 북아일랜드의 수학자였다. 그는 수치해석학의 개척자였다.

토드의 가장 위대한 업적 중 하나는 2차대전 종전 후 독일의 오버볼팍(Oberwolfach)수학연구소의 보존에 기여한 공로이다.

1945년에 토드는 미국으로 이민가서, 1957년부터 캘리포니아주 패서디나(Pasadena)에 소재한 캘리포니아공과대학교(California Institute of Technology)의 교수진에 합류했다. 토드는 칼텍 교수직 은퇴했지만, 2001년 5월에 그의 90세 생일을 기념한 칼택 심포지엄이 개최되는 영광을 가졌다. 그는 모두에게 잭 토드라 불렸고, 2007년 패서디나 자택에서 영면했다.

❑ 베유(André Abraham Weil, 1906-1998, 프랑스)

프랑스의 수학자로 수론과 대수기하학에서 지대한 공헌을 했다. 니콜라 부르바키의 창립 멤버였으며, 사실상 초기 리더였다. 철학자 시몬 베유의 오빠이다. 주요업적은 베유 추측, 베유 인자, 보렐-베유, 보트 정리, 천-베유 이론, 하세-베유 제타 함수 등이다.
베유는 유태계 부모를 두고 파리에서 태어났고, 파리대학에서 박사학위를 받았다.

❑ 바이젠보크(Roland Weitzenböck, 1885-1955, 오스트리아)

바이젠보크는 연결을 도입한 미분기하학을 연구한 오스트리아 수학자였다. 브라우어(Brouwer)의 도움으로 1923년 암스테르담대학교 수학교수로 임명된 후 1945년까지 머물렀다.
1923년에 텐서계산법을 포함한 다양체에 대한 불변량 이론에 대한 현대논문을 발표했고, 그는 또한 비틀림에 대한 논문도 발표했다.

❑ 휘트니(Hassler Whitney, 1907-1989, 미국)

위상수학자로 그의 주요업적은 대수적 위상수학, 미분위상수학, 특이점 이론, 슈티펠-휘트니 특성류 등이다.
휘트니는 화려한 집안으로 유명했다. 아버지는 뉴욕주 대법원 판사였고, 어머니는 화가이자 정계에서 활동하였다. 친할아버지 윌리엄 드와이트 휘트니는 예일대학교에서 산스크리트어 전문 언어학자였고, 부계를 통해 코네티컷 주지사 및 미국 상원의원 로저 셔먼 볼드윈의 증손이고, 미국 독립선언서에 서명한 로저 셔먼의 5대손이었으며, 모계를 통해서는 천문학자 사이먼 뉴컴(Simon Newcomb)의 외손자였다.
휘트니는 평생 수학 말고도 음악과 등산을 취미로 삼았다. 바이올린과 비올라에 능숙하였고, 또한 이틀마다 10~20킬로미터 달리기를 하였다. 또한 스위스의 대부분의 산들을 등반하였다.
1989년 5월 10일 82세의 나이로 스위스 당블랑슈 산(Dents Blanches)을 등반하다 뇌졸중으로 사망하였다. 휘트니의 유골은 그의 유언에 따라 이 산 위에 뿌려졌다.

❑ 위튼(Edward Witten, 1951-, 미국)

프린스턴고등연구소 소속으로 미국의 이론물리학자요 수학적 물리학 교수이다. 위튼의 연구분야는 끈 이론, 양자 중력, 초 대칭 양자 장 이론, 및 수학 물리학 분야이다.
위튼의 연구는 물리학뿐만 아니라 순수수학에도 큰 영향을 미쳤다. 위튼은 아마 1990년 세계수학연맹(International Mathematical Union)으로부터 필즈메달(Fields Medal)을 수상한 최초의 유일한 물리학자일 것이다. 그가 1981년에 증명한 일반상대성이론에서 긍정적인 에너지이론의 업적을 높이 사고 필즈상을 받았다.
위튼의 주요업적은 M 이론, Seiberg-Witten 이론, Seiberg-Witten 불변, Wet-Zumino-Witten 모형, Weinberg-Witten 이론, Gromov-Witten 불변, Hořava-Witten 영역벽, Vafa-Witten 정리, Witten 지수 등이다.

REFERENCE

참고문헌

1. 조용승, 위상수학(2편), 경문사, 2017.
2. 조용승, 대수적 위상수학, 경문사, 2014.
3. 조용승, 미분 위상수학, 경문사, 2013.
4. 조용승, 지표이론, 경문사, 2012.
5. 조용승, 자연과 문명 속의 수학, 이화여자대학교출판사, 2012.
6. 조용승, 다양체의 미분위상수학, 아르케, 2002.
7. 조용승 외 12, 이론물리의 수학적 접근, 민음사, 1996.
8. Cho, Y. S., Gromov-Witten type invariants on circle bundles over symplectic manifolds, Inter. J. of Geometric Methods in Mordern Physics (IJGMMP), (July 2016).
9. Cho, Y. S., Symplectic manifolds : Gromov-Witten invariants on symplectic and alost contact metric manifolds, in book Manifolds (current research area) (2017), In Tech Pub.
10. Cho, Y. S., Quantum cohomologies on products of cosymplectic manifolds and circles, Bulletin of Malysian Math. Sci. Soc. (2016).
11. Cho, Y. S., Floor type cohomology on cosymplectic manifolds, IJGMMP, vol.12, No.7 (2015), 1550082.
12. Cho, Y. S., Stabilization of 4-manifolds, Science China Math. 57 (2014), 1835-1840.
13. Cho, Y. S., Quantum type cohomologies on contact manifolds, IJGMMP, vol.10, No.5 (2013), 1350012.
14. Cho, Y. S., Generating series for the symplectic products, IJGMMP, vol.9, No.5 (2012), 1250045.

15. Cho, Y. S. and S.T.Hong, Singularities and Theomodynamics of geodesic surface congruences, in book Aspects of Today's Cosmology, 347-364 (2011), In Tech Pub.

16. Cho, Y. S., Dynamics of stringy congruences in the early universe, Physics Review D83 (2011), 104040.

17. Cho, Y. S., Singularities in geodesic surface congruences, PRD 78 (2008), 067301.

18. Cho, Y. S., Stringy Jacobi fields in Morse theory, PRD 75 (2007), 127902.

19. Cho, Y. S., Sheaf Theory, Kyung Moon Pub. (2011)

20. Cho, Y. S., Jacobi fields in geodesic surface congruences, IJGMMP, vol.7, No.8 (2010), 1407-1412.

21. Cho, Y. S., Finite group actions and Gromov-Witten invariants in symplectic four-manifolds, Acta Math. Sinica, English Series, vol.26, No.12 (2010), 2325-2334.

22. Cho, Y. S., Hurwits number of triple ramified covers, Journal of Geometry and Physics, vol.56, No.4 (2008), 542-555.

23. Cho, Y. S., The cohomology ring of S^2-fibration, contemperary Math of AMS, vol.314 (2002), 63-70.

24. Cho, Y. S., Finite group actions on 4-manifolds, J. of Australian Math. Soc. (series A), 66(part 3) (1999), 287-296.

25. Cho, Y. S., Finite group actions on Spin c bundle, Acta Math. Hungarica vol.84 (1-2) (1999), 97-114.

26. Cho, Y. S., Seiberg-Witten invariants on non-symplectic 4-manifolds, Osaka Jour. of Mathematics, 34 (1997), 169-173.

27. Cho, Y. S., Cyclic gorup actions on gauge theory, Differ. Geom. and its Applications, 6 (1996), 87-99.

28. Cho, Y. S., Equivariant metrics for smooth moduli spaces, Topology and its Applications, 62 (1995), 77-85.

29. Cho, Y. S., Finite group actions on the moduli space of self-dual connections Ⅰ, Transections, AMS, 323 No.1 (1991), 233-261.

30. Cho, Y. S., Finite group actions on the moduli space of self-dual connections Ⅱ, Michigan Math. Journal, 37 (1990), 125-132.

31. Cho, Y. S. and M. Lim, Discreteness of flux groups, Acta Math. Sinica, English series (2005).

32. Cho, Y. S. and Y. H. Hong, Seiberg-Witten invariants and anti-symplectic involutions, Glasgow Math. Jour. 45 (2003), 401-413.

33. Cho, Y. S. and M. S. Cho, Symplectic surfaces in Symplectic 4-manifolds, Taiwanese Jour. of Math. vol.7, No.1 (2003), 77-87.

34. Cho, Y. S., The geography of simply connected symplectic 4-manifolds, Czechosbvak Math. Jour. 53(128) (2003), 265-276.

35. Cho, Y. S., Genus minimizing in cymplectic 4-manifolds, chinese Annals of Math. Series B, vol.21 (2000), 115-120.

36. Cho, Y. S. and Y. H. Hong, The cyclic group actions on 4-manifolds, Acta Math. Hungarica 94(4) (2002), 333-350.

37. Cho, Y. S. and D. S. Joe, Anti-symplectic involutions with Lagrangian fixed loci and their quotient, Proc. of AMS, 130 (2002), 2797-2801.

38. Cho, Y. S. and W. Y. Kim, A constraint on symplectic structure of $b_2^+ = 1$ minimal symplectic 4-manifold, Bull. of KMS. 36 (1999), No.1, 209-216.

39. Cho, Y. S. and J. E. Yoon, A note on Hofer's norm, Bull. of KMS. 39 (2002), No.2, 272-282.

40. Cho, Y. S., Finite group actions on self-dual 4-manifolds with positive scalar curvature, J. of KMS. 28 (1991), No.1, 87-97.

41. Atiyah, M. F., and I. M. Singer, The index of elliptic operators Ⅲ, Ann. of Math. 87 (1968), 546-604.

42. Blair, D. E, and S. I. Goldberg, Topology of almost contact manifolds, JDG (1967), 347-354.

43. Donaldson, S. K., Polynomial invariants of smooth four-manifolds, Topology 29 (1990), 257-315.

44. Freed, D. S. and K. Uhlenbeck, Instantens and four-manifolds, MSRI Publications Springer-Verlag (1984).

45. Gompf, R, A new construction of symplectic manifold, Ann. of Math.

46. Gromov, M, Pseudo holomorphic curves in symplectic manifolds, Inv. Math. 82 (1985), 307-347.

47. Floer, A, symplectic fixed points and holomorphic spheres, Comm. Math. phys. 120 (1989), 575-611.

48. McDuff, D and D. Salamon, Introduction to symplectic topology, Oxford Univ. Press (1995).

49. McDuff, D and D. Salamon, J-holomorphic curves and quantum cohomology, Univ. Lecture Series 6, AMS, Providence, RI, 1994.

50. Milnor, J. and J, stasheff, characteristic classes, Ann. of Math. Studies 76, Prinston Univ. Press, 1874.

51. Janssens, D. and J. Vanhecke, Almost contact structures and curvature tensors, Kodai Math. J.4 (1981), 1-27.

52. Kontsevich, M. and Y. Manin, Gromov-Witten classes, quantum cohomology and enumerative geometry, Comm. Math. Phys. 164 (1994), 525-562.

53. Smale, S., An infinite dimensional version of Sard's theorem, Am. J. Math. 87 (1973), 213-221.

54. Poor, W., Differential Geometric structures, McGrow-Hill. Inc. (1981).

55. Shanahan, P., The Atiyah-Singer index theorem, Lec. Notes in Math. 638, Springer-Verlag (1978).

56. Taubes, C. H., The Seiberg-Witten and th Gromov-Witten invariants, preprint (1995).

57. Guillemin, V. and A, Pollack, Differential topology, Prentice-Hall, Inc., Englewood Cliffs, New Jersey (1974).

58. Warner, F. W., Foundations of differentiable manifolds and Lie groups, scott, Foresman and Company, Glenview, Illinois 60025 (1971).

59. Milnor, J., Morse theory, Princeton Univ. Press, No.51 (1963).

60. Atiyah, M. F., N. Hitchin and I. Singer, Self-Duality in Four-Dimensional Riemannian Geometry, Proc. R. Soc. London Ser. A 362 (1978), 425-461

61. Witten, E., Monopoles and four- manifolds, Math. Res. Letters I (1994), 767-796.

62. Wells, R., Differential analysis on complex manifolds, 2nd edition, Springer-Verlag (1980).

63. Donaldson, S. K., An application of gauge theory to the topology of 4-manifolds, JDG, 18 (1983), 269-316.

64. Athyah, M. F., and R. Bott, The Yang-Mills equations over Riemannsurfaces, Proc. R. Soc. London A, 308 (1982), 523-615.

65. Cheeger, J. and D. Ebin, Comparison theorems in Riemannian geometry, North Holland Mathematical Library, vol.9 (1975).

66. Freedman, M., The topology of four-dimmensional manifolds, JDG. 7 (1982), 357-454.

INDEX 찾아보기

ㅇ

+/-

A

B

C

F

G

H

I

J

K

S

조용승

시카고대학교 Ph.D.

현재 : 이화여자대학교 명예교수
성균관대학교 초빙교수
역임 : 이화여자대학교 교수
브랜다이스대학교 조교수
대한수학회 회장
국가수리과학연구소 초대소장
국가과학기술위원회 운영위원

미분다양체

초판발행 2019년 1월 25일
지은이 조용승 / **펴낸이** 오판근
펴낸곳 (주) 교우
주 소 서울시 동대문구 약령시로 8 교우빌딩 2층 (주)교우
전 화 02-925-2861 / **팩 스** 02-925-2860. **편집부** 02-925-2825
홈페이지&북스토어 www.kyowoo.co.kr / 이메일 kyowoo@kyowoo.co.kr
등 록 1994년 3월 24일 제1994-000013호
ISBN 979-11-251-0270-0 (93410)

Published by Kyowoo Co., Ltd. Printed in Korea

값 22,000원

교우미디어는 (주) 교우의 Imprint 사입니다.
수학정원·과학정원은 (주) 교우의 새로운 브랜드명입니다.

잘못된 책은 구입하신 서점에서 교환해 드립니다.